U0398011

职业教育改革与创新规划教材

建筑装饰设计与实训

主　编　赵肖丹

副主编　郭　爽　李　燕

参　编　于　娜　高书霞　毛雪雁　赵　焕

机 械 工 业 出 版 社

本书主要包括建筑装饰设计基础、居住类建筑空间装饰设计与实训和公共建筑空间装饰设计与实训三个单元。内容包括建筑装饰设计概述、建筑装饰设计的方法与设计工作流程、建筑装饰设计的要素设计和建筑装饰设计表达、居住类建筑空间装饰设计基础、公寓式住宅室内装饰设计、别墅室内装饰设计、办公建筑空间装饰设计、商业购物空间装饰设计、餐饮空间装饰设计。本书图文并茂，内容实用。书中引用了大量的优秀设计案例，丰富了教学内容。

本书可作为职业院校建筑装饰设计、室内设计、环境艺术、建筑设计及相关专业教材，也可作为行业相关人员学习、参考及培训用书。

为方便教学，本书配有电子课件，凡选用本书作为授课教材的教师均可登录 www.cmpedu.com 免费注册下载，编辑咨询电话：010－88379934，机工社建筑教材交流 QQ 群：221010660。

图书在版编目（CIP）数据

建筑装饰设计与实训/赵肖丹主编. —北京：机械工业出版社，2013.6（2023.1 重印）
职业教育改革与创新规划教材
ISBN 978-7-111-42304-1

Ⅰ.①建… Ⅱ.①赵… Ⅲ.①建筑装饰—建筑设计 Ⅳ.①TU238

中国版本图书馆 CIP 数据核字（2013）第 086925 号

机械工业出版社（北京市百万庄大街 22 号 邮政编码 100037）
策划编辑：王莹莹 责任编辑：王莹莹 林 静
版式设计：霍永明 责任校对：张 力
封面设计：马精明 责任印制：张 博
北京建宏印刷有限公司印刷
2023 年 1 月第 1 版第 3 次印刷
184mm×260mm·13.5 印张·334 千字
标准书号：ISBN 978-7-111-42304-1
定价：58.00 元

电话服务 网络服务
客服电话：010-88361066 机 工 官 网：www.cmpbook.com
010-88379833 机 工 官 博：weibo.com/cmp1952
010-68326294 金 书 网：www.golden-book.com
封底无防伪标均为盗版 机工教育服务网：www.cmpedu.com

职业教育改革与创新规划教材

编委会名单

主 任 委 员　谢国斌　中国建设教育协会中等职业教育专业委员会
　　　　　　　　　　　北京城市建设学校

副主任委员

　　　　　　黄志良　江苏省常州建设高等职业技术学校
　　　　　　陈晓军　辽宁省城市建设职业技术学院
　　　　　　杨秀方　上海市建筑工程学校
　　　　　　李宏魁　河南建筑职业技术学院
　　　　　　廖春洪　云南建设学校
　　　　　　杨　庚　天津市建筑工程学校
　　　　　　苏铁岳　河北省城乡建设学校
　　　　　　崔玉杰　北京市城建职业技术学校
　　　　　　蔡宗松　福州建筑工程职业中专学校
　　　　　　吴建伟　攀枝花市建筑工程学校
　　　　　　汤万龙　新疆建设职业技术学院
　　　　　　陈培江　嘉兴市建筑工业学校
　　　　　　张荣胜　南京高等职业技术学校
　　　　　　杨培春　上海市城市建设工程学校
　　　　　　廖德斌　成都市工业职业技术学校

委　　　员（排名不分先后）

　　　　　　王和生　张文华　汤建新　李明庚　李春年　孙　岩
　　　　　　张　洁　金忠盛　张裕洁　朱　平　戴　黎　卢秀梅
　　　　　　白　燕　张福成　肖建平　孟繁华　包　茹　顾香君
　　　　　　毛　苹　崔东方　赵肖丹　杨　茜　陈　永　沈忠于
　　　　　　王东萍　陈秀英　周明月　王莹莹（常务）

出版说明

2004 年 10 月，教育部、建设部发布了《关于实施职业院校建设行业技能型紧缺人才培养培训的通知》，并组织制定了《中等职业学校建设行业技能型紧缺人才培养培训指导方案》（以下简称《指导方案》），对建筑施工、建筑装饰、建筑设备和建筑智能化四个专业的培养目标与规格、教学与训练项目、实验实习设备等提出了具体要求。

为了配合《指导方案》的实施，受教育部委托，在中国建设教育协会中等职业教育专业委员会的大力支持和协助下，机械工业出版社专门组织召开了全国中等职业学校建设行业技能型紧缺人才培养教学研讨和教材建设工作会议，并于 2006 年起陆续出版了建筑施工、建筑装饰两个专业的系列教材，该系列教材被列为教育部职业教育与成人教育司推荐教材。

该套教材出版后，受到广大职业院校师生的一致好评，为职业院校建筑类专业的发展提供了动力。近年来，随着教学改革的不断深入，建筑施工和建筑装饰专业的教学体系、课程设置已经发生了很大变化。同时，鉴于本系列教材出版时间已较长，教材涉及的专业设备、技术、标准等诸多方面也已发生了较大变化。为适应科技进步及职业教育当前需要，机械工业出版社在中国建设教育协会中等职业教育专业委员会的支持下，于 2011 年 5 月组织召开了该系列教材的修订工作会议，对当前职业教育建筑施工和建筑装饰专业的课程设置、教学大纲进行了认真的研讨。会议根据教育部关于"中等职业教育改革创新行动计划（2010—2012)"和 2010 年新颁布的《中等职业学校专业目录》，结合当前教学改革的现状，以实现"五个对接"为原则，将以前的课程体系进行了较大的调整，重新确定了课程名称，修订了教材体系和内容。

由于教学改革在不断推进，各个学校在实施过程中也在不断摸索、总结、调整，我们会密切关注各院校的教学改革情况，及时收集反馈信息，并不断补充、修订、完成本系列教材，也恳请各用书院校及时将本系列教材的意见和建议反馈给我们，以便进一步完善。

本系列教材编委会

前　言

本书根据建设行业职业院校技能型紧缺人才培养培训方案编写，是教育部职业教育与成人教育司推荐教材。

本书定位准确，取材全面，图文并茂，语言简练，通俗易懂，理论知识简明、实用，实训部分操作性强。突出以就业为导向，以能力为本位，应用性、可读性强。

本书从实战的角度，突出职业院校学生需要的知识结构和知识要点，深入浅出，最大限度地贴近市场与企业需求，使学生既能掌握较前沿的知识，又能在项目实训中得到实践技能的提高。

本书引用了大量的优秀设计案例，充实课堂教学内容，丰富教学信息。

本书建议学时为 160 学时。

本书由河南建筑职业技术学院赵肖丹担任主编，并编写单元 1 的课题 3；河南机电高等专科学校郭爽担任第一副主编，编写单元 2 的课题 2、课题 3；河南建筑职业技术学院李燕担任第二副主编，编写单元 3 的课题 3；河南建筑职业技术学院于娜编写单元 3 的课题 1、课题 2；河南建筑职业技术学院高书霞编写单元 1 的课题 1、单元 2 的课题 1；河南建筑职业技术学院毛雪雁编写单元 1 的课题 4。龙发装饰公司赵焕编写单元 1 的课题 2，全书由赵肖丹统稿并修改。

本书在编写过程中借鉴和引用了部分文献及一些国内外的室内设计实例和图片。在此，谨向提供设计案例的健通装饰设计工程公司姚春雷总经理及有关的作者、企业、单位和同行们表示感谢！同时也对许多从事建筑、室内设计教学的专家和老师的大力支持和帮助表示衷心的感谢！

由于时间仓促，编者水平有限，书中疏漏和不足之处在所难免，敬请广大读者和同行指正。

编　者

目　录

建筑装饰设计基础

【单元概述】

本单元讲述了建筑装饰设计基础知识，分析了建筑装饰设计的方法与设计工作流程，详尽讲解了建筑装饰设计中各要素设计的基本方法和技巧，介绍了建筑装饰设计表达方法，为本课程的学习、项目实训奠定了良好基础。

【学习目标】

通过本单元学习，了解建筑装饰设计的风格流派、发展趋势及基本观点，掌握建筑装饰的内容、分类、依据和要求。熟悉基本的建筑装饰设计思维方法，了解并熟悉建筑装饰设计的工作流程。掌握建筑装饰设计中各要素设计的原理及设计表达方法，并学会如何与客户沟通。在此基础上培养良好的设计思维能力和设计创新能力，并能把设计付诸实践。

课题 1　建筑装饰设计概述

1.1.1　建筑装饰设计的含义和作用

1. 建筑装饰设计的含义

建筑装饰设计是根据建筑物的使用性质、所处环境和相应标准，综合运用现代物质手段、科技手段和艺术手段，创造出功能合理、舒适优美、性格明显，符合人的生理和心理需求，使使用者心情愉快，便于学习、工作、生活和休息的室内外环境设计（图1-1-1、图1-1-2）。

建筑装饰设计是以美化建筑及建筑空间为目的的行为，具有环境性、从属性、空间性、装饰性、工程性等艺术特性，它是建筑的物质功能和精神功能得以实现的关键，所以在建筑装饰设计中必须整体把握设计对象：建筑内外空间环境。而设计依据的关键因素主要体现在以下几个方面：

1）使用性质：建筑功能要求及与之相应的空间形式。

2）所处环境：建筑物和室内空间的周围环境状况。

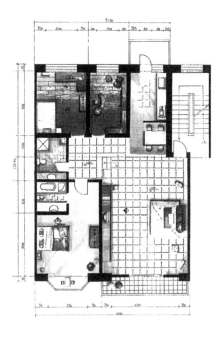

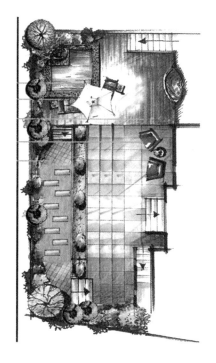

图 1-1-1　室内环境　　　　　　　　　　图 1-1-2　室外庭院环境

3）相应标准：相应工程项目的总投资和单方造价标准的控制。

2. 建筑装饰设计的作用

1）强化建筑的空间性格，使不同造型的建筑具有独特的性格特征。

2）强化建筑及建筑空间的意境和气氛，使其更具情感特性和艺术感染力。

3）弥补结构的缺陷和不足，强化建筑的空间序列效果。

4）美化建筑的视觉效果，给人以直观的视觉美的享受。

5）保护建筑主体结构的牢固性，延长建筑的使用寿命，增强建筑的物理性能和设备的使用效果，提高建筑的综合效用。

1.1.2　建筑装饰设计的目的与意义

1. 建筑装饰设计的目的

建筑装饰设计是建筑艺术的进一步延展和升华，是空间的功能性和设计的艺术性相结合的产物，使建筑物的功能和艺术美结合的同时，构成各种使用空间，提高建筑室内外环境质量，使其更加适应人们在各方面的需求。

概括而言，建筑装饰设计的目的则是以人文本，即为人的生活、生产活动创造美好的室内外环境，满足人们物质和精神生活的需要。

2. 建筑装饰设计的意义

建筑装饰是人们生活中不可缺少的一部分，是人类品味生活，品味人生的重要途径。人们对于空间的需求不仅仅体现在物质的使用功能方面，还体现在精神需求方面，即建筑装饰设计是物质和精神、实用性和艺术性的高度统一。

1）在物质使用功能方面，既改善了室内外环境条件又提高了物质生活质量。

2）在精神品格方面，既陶冶了情操，又体现了以人为本的宗旨。

1.1.3　建筑装饰设计的内容与分类

建筑装饰设计的内容包括室内设计和室外设计两个部分。

1. 室内设计

室内的建筑装饰设计从设计的角度可将内容分为：室内风格设计、室内空间设计、室内照明设计、室内色彩设计、室内环境设计、室内饰品设计、技术要素设计等。

1）室内风格设计的主要内容包括运用历史、文脉、自然等设计元素完成的个性化设计。如简欧风格、中式风格等（图1-1-3、图1-1-4）。

2）室内空间设计是根据空间的设计要求，对室内空间的围护面（即室内顶棚、墙面、地面）、建筑局部、建筑构件造型、纹样、色彩、肌理和质感等的处理，以及界面和结构构件的连接构造、界面和风、水、电等管线设施的协调、配合等方面的设计。

图1-1-3　简欧风格

室内空间设计主要是解决空间比例、尺度、虚实的变化，以及这些变化给人带来的不同的感受，主要内容包括室内界面及构件的设计。

3）室内照明设计主要包括照明方式、照度分配、光色、灯具的选用。

4）室内色彩设计是对整体环境色彩的综合考虑，色彩设计得当则可提高设计作品的效果。色彩设计一定要考虑其时效性，具体内容包括室内界面色彩、室内家具色彩和环境色彩的设计。

图1-1-4　中式风格

5）室内环境设计主要是运用艺术的手法处理好室内家具、陈设、绿化、景观等与室内空间及界面的关系，同时还要细致深入地解决好室内各个元素之间的色彩协调、质感的协调与对比、肌理的变化等设计问题。

也就是说，室内环境设计一方面需要富有激情，考虑文化内涵，运用建筑美学原理进行创作，同时又需要以相关的客观环境因素，如声、光、热等作为设计的基础。具体内容主要包括室内自然采光、通风、绿化、小品等方面的设计。

6）室内饰品设计的内容包括室内工艺品、艺术品，以及相关的陈设品、装饰织物等。

7）技术要素设计是指在建筑装饰设计中充分运用当代科学技术的成果，包括新型的材料、结构构成和施工工艺，以及处理好通风、采暖、温湿调节、通信、消防、隔噪、视听等要素，使建筑空间环境具有安全性和舒适性。

2. 室外设计

室外的建筑装饰设计从设计的角度可将内容分为室外建筑环境设计、室外界面设计，室外夜景照明设计等。

1）室外建筑环境设计主要包括园林景观、建筑小品、立体绿化、水景喷泉、雕塑的设计等。

2）室外建筑界面设计包括建筑形体的调整，界面材料、质感、色彩、装饰构件、细部的设计等。

3）室外建筑夜景照明设计包括建筑物的夜景照明、绿化景物的夜景照明等。

3. 建筑装饰设计的分类

建筑装饰设计根据需求可分为不同类别，具体分类见表1-1-1。

表1-1-1 建筑装饰设计的分类

室外装饰设计		室内装饰设计		应用空间
建筑外部环境设计	建筑外部空间设计	人居环境设计	公寓式	厨房、餐厅设计
			别墅式	卧室、起居室设计
				浴厕、书房设计
			院落式	门厅设计
		公共空间设计	限定性空间设计	办公室室内设计
				休息室室内设计
				餐厅室内设计
				游艺厅室内设计
				门厅、内廷设计
			非限定性空间设计	剧场室内设计
				体育馆室内设计
				旅馆室内设计
				办公楼室内设计
				图书馆、展览馆室内设计
				学校室内设计
				车展室内设计
				商店室内设计

1.1.4 建筑装饰设计的依据和要求

建筑装饰设计是把建筑物的功能性和艺术性完美结合，提高建筑物室内外的环境质量，以满足人们在各方面的需求，它所涉及的范围较广，从使用需求上还可分为住宅式装饰设计和公共类装饰设计，我们所进行的设计活动的设计依据主要体现在以下几个方面：

1. 设计任务书及相应规模、法规

一般情况下，设计任务书对工程名称、立项依据、设计内容、室内功能性质、设计标准、服务对象、施工工艺、投标造价、有关规范和法规等要求会有所交代。同时，应该多了解与装饰设计相关的工程项目管理法、合同法、招投标法及消防、卫生防疫、环保、工程监理、设计定额指标等各项有关法规和规定的实施。

2. 建筑功能、技术与总体环境要求

建筑装饰设计是建筑设计的发展和延续，因此，设计时必须事先对建筑物的功能特点、设计意图、结构构成、设施设备等情况充分掌握，进而对原有建筑物的建筑设计总体构思、建筑总体布局及建筑物所在地区总体环境等有所了解。而建筑的功能、技术和总体环境因素又是进行设计时重要的设计依据。

3. 结构、设备以及施工技术要求和限制

现代的室内外设计与结构、构造、设备材料、施工工艺等技术因素结合得非常紧密，社会的发展，科技含量的日益增高，新型材料的不断涌现，使结构、构造、设备材料以及施工工艺等技术因素成为建筑装饰设计的重要制约因素和设计依据。

1）室内空间的结构构成、构件尺寸、设施管线等的尺寸和制约条件。

2）家具、陈设、灯具、设备等的尺寸，以及使用、安置它们时所需的空间范围。

3）符合设计环境要求可供选用的装饰材料和可行的施工工艺。

4. 室内外功能要求

室内外的环境设计不是简单的装修和一般意义上的美化，空间环境的设计应当以人为本，充分考虑使用者的物质和精神功能的要求，同时考虑室内外空间的性质和用途，通过对空间、造型、色彩、家具、陈设及细节等进行的综合性整体设计，创造既满足不同的使用功能，又具有特定艺术形式的室内空间环境。

5. 建设标准、造价与施工周期

具体、明确的经济和时间概念，是一切现代设计工程的重要前提。不同建设标准的装饰装修造价相差甚远。例如，一般的宾馆大堂室内装修的费用每平方米造价一千元左右，而五星级的宾馆大堂每平方米的造价可以高达八千元到一万元。由此可见，对于建筑装饰设计来说，投资限额与建设标准是装饰设计必需的依据因素，而不同工程的施工期限也将决定设计中采用不同的装饰材料构造做法及界面设计处理手法等。

建筑装饰设计需要在一定的条件下，完美地综合解决各种功能和技术问题，而且使设计既符合美学原则又具有独特的创意。那么，在设计时就必须符合以下要求：

1. 满足使用要求

在建筑装饰设计中，往往把室内的设计活动称之为室内装饰设计，它是装饰设计的重点，以创造良好的室内空间环境为宗旨，满足人们在室内进行生产、生活、工作、休息等各方面的需求，这就要求在设计时必须充分考虑使用功能性要求、空间性质、功能和建筑环境的总体要求，使室内的空间环境更加合理、安全、卫生、舒适、科学；考虑人的活动规律，处理好空间关系、空间尺寸、空间比例；合理配置陈设与家具，妥善解决室内通风、采光与照明，注意室内色调的总体效果等。

2. 满足精神要求

建筑是一种造型艺术，建筑空间设计则作为一种视觉艺术，使人们在空间环境中获得精神上的满足，那么它必须符合形式美的基本法则。而这种空间环境设计中的美感是人们在长期的生产、生活中形成的在视觉领域中的美的原则，它能够影响人的情感，所以设计者要学会运用各种理论和手段，创造具有强烈的艺术感染力和意境的空间环境，使空间环境更好地发挥其在精神方面的作用。

3. 满足技术、经济性要求

技术是满足空间使用功能的物质手段，能否获得某种形式的空间，主要取决于工程结构和技术条件的发展水平，采用合理的建筑和施工技术、构造方法，选择合适的装修材料和设施设备，以降低成本且不损害施工效果为目的，使其具有良好的经济效益和环境效益。

4. 满足相应设计规范的要求

设计应符合安全疏散、防火、卫生等设计规范，遵守与设计任务相应的有关定额标准。

5. 要与时俱进，满足灵活性和可变性的要求

装饰材料和设备更新交替较快，必然需要新技术方法根据使用性、舒适性来调节室内的功能。

6. 树立环保和可持续性发展的意识和设计理念

设计时需要考虑室内环境的节能、节材，防止污染，并注意充分利用和节省室内空间，营造舒适、安全的生活、工作环境。

7. 符合时代、地区特点及民族风格的要求

无论是建筑还是其装饰设计都有时代属性，也就是在不同的时期，设计由于受到技术、经济和社会文化的不同，必然呈现不同的风格和特点，具有时代特点的设计才更具有生命力。其次，由于人们所处的地理气候条件的差异，民族习惯和传统文化背景不一样，尤其是对于多民族的国家，就要求在设计时把握好各个民族地区的特点、民族性格、风俗习惯及文化素养等因素的差异，使设计中不但要体现不同的风格特点、民族地区特点，还要唤起民族的自尊心和自信心。

1.1.5 建筑装饰设计的基本观点

1. 以满足人和人际活动的需要为核心

为人服务，这正是建筑装饰设计的宗旨。不但要满足人们的生理、心理等要求，综合地处理人与环境、人际交往等多项关系，而且要重视人体工程学、环境心理学、审美心理学等方面的研究，针对不同的人、不同的使用对象，相应地考虑不同的要求。

2. 加强环境整体观

设计的立意、构思，室内风格和环境氛围的创造，着眼于对环境整体、文化特征及建筑物的功能特点等多方面的考虑。

现代室内设计从整体观念理解，是环境设计系列中的"链中一环"。室内设计的"内"，和室外环境的"外"是相辅相成、辩证统一的。

3. 科学性与艺术性的结合

在创造室内环境中应高度重视科学性、艺术性，以及两者相互的结合。在重视物质技术手段的同时，高度重视建筑美学原理，重视创造具有表现力和感染力的室内空间和形象，创造具有视觉愉悦感和文化内涵的室内环境，使生活在现代化高科技、高节奏中的人们，在心理上、精神上得到平衡。

在具体工程设计时，会遇到不同类型和功能特点的室内环境（生产性或生活性，行政办公或文化娱乐，居住性或纪念性等），对待上述两方面的具体处理，可能会有所侧重，但从宏观、整体的设计观念出发，仍需将两者结合。

4. 时代感与历史文脉并重

从宏观来看，建筑物和室内环境，总是从一个侧面反映当代社会物质生活和精神生活的特征，现代室内设计更需要在设计中体现时代精神。人类社会的发展，无论是物质技术的，还是精神文化的，都具有历史延续性。

追踪时代和尊重历史，就其社会发展的本质讲是有机的、统一的。在室内设计中，在生活、居住、旅游休息和文化娱乐等类型的室内环境里，都有可能因地制宜地采取具有民族特点、地方风格、乡土风味以及充分考虑历史文化的延续和发展的设计手法。

5. 动态和可持续的发展观

我国清代文人李渔，在他室内装修的专著中曾写道："与时变化，就地权宜"，"幽斋陈设，妙在日异月新"，即所谓"贵活变"的论点。室内设计的整个发展过程是时代性和地域性的统一。

1.1.6　建筑装饰设计的风格流派及发展趋势

建筑装饰设计的风格和流派，属室内环境中的艺术造型和精神功能范畴。装饰设计的风格和流派往往是和建筑以至家具的风格和流派紧密结合的；有时也以相应时期的绘画、造型艺术，甚至文学、音乐等的风格和流派紧密结合；或以其为渊源并相互影响。例如，建筑和室内设计中的"后现代主义"一词及其含义，最早是起源于西班牙的文学著作中，而"风格派"则是具有鲜明特色荷兰造型艺术的一个流派。可见，建筑艺术除了具有与物质材料、工程技术紧密联系的特征之外，还和文学、音乐，以及绘画、雕塑等门类艺术相互沟通。

1. 建筑装饰设计的风格

风格即风度品格，体现创作中的艺术特色及个性。室内设计的风格表现于形式而又不等同于形式，有着更深层的艺术、文化和社会内涵。

装饰设计风格的形成，是不同的时代思潮和地区特点，通过创作构思和表现，逐渐发展成为具有代表性的室内设计形式。一种典型风格的形式，通常是和当地的人文因素和自然条件密切相关，又需有创作中的构思和造型的特点，形成风格的外在和内在因素。

设计的风格主要可分为：传统风格、现代风格、后现代风格、自然风格，以及混合型风格等。

（1）传统风格　传统风格的室内设计，是在室内布置、线形、色调以及家具、陈设的造型等方面，吸取传统装饰"形""神"的特征。例如，吸取我国传统木构架建筑室内的藻井顶棚、挂落、雀替的构成和装饰，明、清家具造型和款式特征。又如西方传统风格中仿罗马风、哥特式、文艺复兴式、巴洛克、洛可可、古典主义等，其中如仿欧洲英国维多利亚或法国路易式的室内装潢和家具款式。此外，还有日本传统风格、印度传统风格、伊斯兰传统风格、北非城堡风格等。传统风格常给人们以历史延续和地域文脉的感受，它使室内环境突出了民族文化渊源的形象特征（图1-1-5～图1-1-12）。

图1-1-5　清代藻井

图 1-1-6　路易式家具

图 1-1-7　罗马万神庙室内

a）

b）

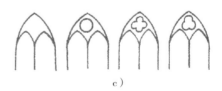

c）

图 1-1-8　巴黎圣母院

a）室内空间　b）彩色玻璃窗　c）窗上部几种装饰形式

（2）现代风格　现代风格起源于 1919 年成立的包豪斯学派，该学派处于当时的历史背景，强调突破旧传统，创造新建筑，重视功能和空间组织，注意发挥结构构成本身的形式美，

图 1-1-9　日式传统风格

图 1-1-10　伊斯兰传统风格

图 1-1-11　印度传统风格

图 1-1-12　北非城堡风格

造型简洁，反对多余装饰，崇尚合理的构成工艺，尊重材料的性能，讲究材料自身的质地和色彩的配置效果，发展了非传统的以功能布局为依据的不对称的构图手法。包豪斯学派重视实际的工艺制作操作，强调设计与工业生产的联系。包豪斯学派的创始人 W. 格罗皮乌斯对现代建筑的观点是非常鲜明的，他认为"美的观念随着思想和技术的进步而改变"，"建筑没有终极，只有不断的变革"，"在建筑表现中不能抹杀现代建筑技术，建筑表现要应用前所未有的形象"。当时杰出的代表人物还有勒·柯布西耶和密斯·凡·德·罗等。现时，广义的现代风格也可泛指造型简洁、新颖，具有当今时代感的建筑形象和室内环境（图 1-1-13）。

（3）后现代风格　后现代主义一词最早出现在西班牙作家德·奥尼斯 1934 年的《西班牙与西班牙语类诗选》一书中，用来描述现代主义内部发生的逆动，特别有一种现代主义纯理性的逆反心理，即为后现代风格。20 世纪 50 年代美国在所谓现代主义衰落的情况下，

图 1-1-13 巴塞罗那德国馆室内外

也逐渐形成后现代主义的文化思潮。受 20 世纪 60 年代兴起的大众艺术的影响，后现代风格是对现代风格中纯理性主义倾向的批判，后现代风格强调建筑及室内装潢应具有历史的延续性，但又不拘泥于传统的逻辑思维方式，探索创新造型手法，讲究人情味，常在室内设置夸张、变形的柱式和断裂的拱券，或把古典构件的抽象形式以新的手法组合在一起，即采用非传统的混合、叠加、错位、裂变等手法和象征、隐喻等手段，创造一种融感性与理性，集传统与现代，揉大众与行家于一体的即"亦此亦彼"的建筑形象与室内环境。对后现代风格不能仅以所看到的视觉形象来评价，需要我们透过形象从设计思想来分析。后现代风格的代表人物有 P. 约翰逊、R. 文丘里、M. 格雷夫斯等（图 1-1-14）。

图 1-1-14 后现代大师设计——天鹅旅馆室内外

（4）自然风格 自然风格倡导"回归自然"，美学上推崇"自然美"，认为只有崇尚自然、结合自然，才能在当今高科技、高节奏的社会生活中，使人们取得生理和心理的平衡。因此，室内多用木料、织物、石材等天然材料，显示材料的纹理，清新淡雅。此外，由于其宗旨和手法的类同，也可把田园风格归入自然风格一类。田园风格在室内环境中力求表现悠闲、舒畅、自然的田园生活情趣，也常运用天然木、石、藤、竹等材质质朴的纹理。巧于设置室内绿化，创造自然、简朴、高雅的氛围（图 1-1-15）。

图 1-1-15 田园风格

此外，也有把 20 世纪 70 年代反对千篇一律的国际风格，如砖墙瓦顶的英国希灵顿市政中心，以及耶鲁大学教员俱乐部，室内采用木板和清水砖砌墙壁、传统地方门窗造型及坡屋顶等称为"乡土风格"或"地方风格"的，也称"灰色派"。

（5）混合型风格 近年来，建筑设计和室内设计在总体上呈现多元化，兼容并蓄的状况。室内布置中也有既趋于现代实用，又吸取传统的特征，在装潢与陈设中融古今、中西于一体，例如，传统的屏风、摆设和茶几，配以现代风格的墙面、门窗装修及新型的沙发；欧式古典的琉璃灯具和壁面装饰，配以东方传统的家具和埃及的陈设、小品等。混合型风格虽然在设计中不拘一格，运用多种体例，但设计中仍然是匠心独具，深入推敲形体、色彩、材质等方面的总体构图和视觉效果（图 1-1-16）。

图 1-1-16 混合型风格

2. 装饰设计的流派

流派，这里是指室内设计的艺术派别。主要有：高技派、光亮派、白色派、新洛可可派、超现实派、解构主义派及装饰艺术派等。

（1）高技派 高技派或称重技派，突出当代工业技术成就，并在建筑形体和室内环境设计中加以炫耀，崇尚"机械美"，在室内暴露梁板、网架等结构构件，以及风管、线缆等各种设备和管道，强调工艺技术与时代感。高技派典型的实例为巴黎蓬皮杜国家艺术与文化中心（图 1-1-17）、香港的中国银行（图 1-1-18）。

图 1-1-17　法国巴黎蓬皮杜国家艺术与文化中心外观与室内

（2）光亮派　光亮派也称银色派，室内设计中夸耀新型材料及现代加工工艺的精密细致及光亮效果，往往在室内大量采用镜面及平曲面玻璃、不锈钢、磨光的花岗石和大理石等作为装饰面材，在室内环境的照明方面，常使用折射等各类新型光源和灯具，在金属和镜面材料的烘托下，形成光彩照人、绚丽夺目的室内环境（图 1-1-19）。

（3）白色派　白色派的室内朴实无华，室内各界面以至家具等常以白色为基调，简洁明确，如美国建筑师 R. 迈耶设计的史密斯住宅及其室内即属此例。R. 迈耶白色派的室内，并不仅停留在简化装饰和选用白色等表面处理上，而是具有更为深层的构思内涵，设计师在室内环境设计时，是综合考虑了室内活动着的人以及透过门窗可见的变化着的室外景物。由此，

图 1-1-18　香港的中国银行

图 1-1-19　光亮派

从某种意义上讲，室内环境只是一种活动场所的"背景"，从而在装饰造型和用色上不作过多渲染（图1-1-20、图1-1-21）。

图 1-1-20　白色派大师 R. 迈耶——千禧堂建筑外观与室内

图 1-1-21　白色派大师 R. 迈耶——史密斯住宅外观及室内

（4）新洛可可派　洛可可原为 18 世纪盛行于欧洲宫廷的一种建筑装饰风格，以精细、轻巧和繁复的雕饰为特征，新洛可可仰承了洛可可繁复的装饰特点，但装饰造型的"载体"和加工技术却运用现代新型装饰材料和现代工艺手段，从而具有华丽而略显浪漫，传统中仍不失有时代气息的装饰氛围（图1-1-22）。

（5）超现实派　超现实派追求所谓超越现实的艺术效果，在室内布置中常采用异常的空间组织、曲面或具有流动弧形线型的界面、浓重的色彩、变幻莫测的光影、造型奇特的家具与设备，有时还以现代绘画或雕塑来烘托超现实的室内环境气氛。超现实派的室内环境较为适应具有视觉形象特殊要求的某些展示或娱乐的室内空间（图1-1-23）。

（6）解构主义派　解构主义是 20 世纪 60 年代，以法国哲学家 J. 德里达为代表所提出的哲学观念，是对 20 世纪前期欧美盛行的结构主义和理论思想传统的质疑和批判，建筑和室内设计中的解构主义派对传统古典、构图规律等均采取否定的态度，强调不受历史文化和传统理性的约束，是一种貌似结构构成解体，突破传统形式构图，用材粗放的流派（图1-1-24、图1-1-25）。

图 1-1-22　新洛可可派

图 1-1-23　超现实派

图 1-1-24　解构大师哈迪德作品——札幌厅

图 1-1-25　解构大师盖里作品——毕尔巴鄂
古根海姆博物馆

　　（7）装饰艺术派　装饰艺术派起源于 20 世纪 20 年代法国巴黎召开的一次装饰艺术与现代工业国际博览会，后传至美国等地，如美国早期兴建的一些摩天楼即采用这一流派的手法。装饰艺术派善于运用多层次的几何线形及图案，重点装饰于建筑内外门窗线脚、檐口及建筑腰线、顶角线等部位。上海早年建造的老锦江宾馆及和平饭店的内外装饰，均为装饰艺术派的手法。近年来一些宾馆和大型商场的室内，出于既具时代气息，又有建筑文化的内涵考虑，常在现代风格的基础上，在建筑细部饰以装饰艺术派的图案和纹样（图 1-1-26）。

　　（8）风格派　风格派起始于 20 世纪 20 年代的荷兰，是以画家 P. 蒙德里安等为代表的艺术流派，强调"纯造型的表现"，要从传统及个性崇拜的约束下解放艺术。风格派认为"把生活环境抽象化，这对人们的生活就是一种真实"。他们对室内装饰和家具经常采用几何形体以及红、黄、蓝三原色，间或以黑、灰、白等色彩相配置。风格派的室内，在色彩及造型方面都具有极为鲜明的特征与个性。建筑与室内常以几何方块为基础，对建筑室内外空间采用内部空间与外部空间穿插统一构成为一体的手法，并以屋顶、墙面的凹凸和强烈的色彩对块体进行强调（图1-1-27）。

3. 建筑装饰设计的发展趋势

当前社会是从工业社会逐渐向后工业社会或信息社会过渡的时候，人们对自身周围环境的需要除了能满足使用要求、物质功能之外，更注重对环境氛围、文化内涵、艺术质量等精神功能的需求。当前建筑装饰设计的发展趋势具体体现在以下几个方面：

图1-1-26　装饰艺术派

（1）设计更加理性化　21世纪的设计思想将走向理性化的道路，针对不同类型的服务体系，利用电脑网络构成相应的资料库和咨询机制，具有灵活性、可适应性等特征。设计领域中更加强调人性化设计，突出健康、文明、新颖的功能和条件的特点，注重大众美学和文化内涵审美情趣之间的关系，注重体现综合效益，营造精神文化特色，这也是室内设计发展的必然趋势。

（2）设计更加智能化　目前智能化建筑已经在发达国家出现，我国也进入了研发和实施阶段，智能化设备

图1-1-27　风格派

对能源的控制、通信管理及安全检查方面的功能将丰富传统的室内装饰设计，使装饰设计与相关行业衔接，逐步向智能化方向发展。

（3）设计更加生态化　面临目前的生态危机，大众舆论与决策者开始意识到保护自然环境的必要性，在城市建筑、室内装饰设计过程中也开始采取尊重环境的一致态度和步骤，开始投身于以绿色生态设计为前提的设计之中。也就是我们未来的绿色设计是从生态学的角度，从满足人体基本生理和心理需要为着眼点，从室内设计到装饰做法等方面实现环境的良性循环，创造宜人的、节能环保的、绿色的环境。

（4）设计更加多因素化和复杂化　社会发展，使得建筑装饰设计面临的问题越来越多

因素化和复杂化——人的要求越来越多、越来越高，新的材料、新的技术广泛用于建筑装饰中，智能化、生态化的设计在建筑装饰中的综合运用，需要设计师不断积累经验，努力学习各方面的专业知识技能，综合处理各方面的关系和问题。

1.1.7　设计师的职责和基本素养

作为一名专业的建筑装饰设计师，其工作职责是：提高室内空间的功能和居住质量。这就要求必须具有装饰设计各方面的专业知识和设计表达能力，具体内容包括：

1. 专业知识

应了解建筑总体环境的布局和意向、单体功能分析、平面布局、空间组织、形体设计等必要的知识。了解建筑材料、装饰材料、建筑结构与构造、施工技术等建筑与室内材料和技术方面的必要知识。还应该了解建筑声、光、热等建筑物理和风、光、电等建筑与室内设备的必要知识。

2. 创造力

丰富的想象、创新能力和前瞻性是必不可少的，这是室内设计师与工程师的一大区别。工程设计采用计算法或类比法，工作的性质主要是改进、完善而非创新；造型设计则非常讲究原创和独创性，设计的元素是变化无穷的线条和曲面，而不是严谨、烦琐的数据，"类比"出来的造型设计不可能是优秀的。

3. 美术功底

美术功底简单而言是画画的水平，进一步说则是美学水平和审美观。可以肯定全世界没有一个室内设计师是不会画画的，"图画是设计师的语言"，这道理也不用多说了。虽然现今已有其他能表达设计的方法（如计算机），但纸笔作画仍是最简单、直接、快速的方法。事实上虽然用计算机、模型可以将构思表达得更全面，但最重要的想象、推敲过程绝大部分都是通过简易的纸和笔来进行的。

4. 设计技能

要有设计技能，这就要求设计师对人体工程学、环境心理学、油泥模型制作的手工和计算机设计软件的应用能力等具备一定的知识。

5. 工作技巧

工作技巧即协调和沟通技巧。这里涉及管理的范畴，但由于设计对整个产品形象、技术和生产都具有决定性的指导作用，所以善于协调、沟通才能保证设计的效率和效果。这是对现代室内设计师的一项附加要求。

6. 市场意识

设计中必须作生产（成本）和市场（顾客的口味、文化背景、环境气候等）的考虑。脱离市场的设计肯定不会好卖，那室内设计师也不会好过。

【项目实训】　建筑装饰设计参观实习

选择具有代表性的建筑进行参观，加深对建筑装饰设计的认识，巩固理论知识。

1. 实习目标

通过实地参观，使学生初步认识建筑装饰设计给人的美感和表现效果，不同功能的建筑装饰设计的不同特色，认识建筑装饰设计的基本观点（环境为源、以人为本、科学与艺术的双重综合、时代和历史的结晶、动态的发展）；通过调研了解建筑装饰设计的历史发展及必要性。

2. 实习要求

参观古代或现代建筑，了解建筑装饰设计的发展及特色；调查研究博物馆、纪念馆、医院、车站、商业网点、办公室、住宅区、学校等不同性质、不同环境的装饰设计实例。

3. 成果要求

参观后写出调研报告（装饰印象）。报告由文字部分及装饰效果图两部分内容组成：文字部分字数不少于 1500 字，写出自己对建筑装饰设计历史发展的认识，对建筑装饰设计必要性的见解，阐述建筑装饰设计的主要影响因素。图片要清晰且与所阐述观点相符。

4. 任务评价

对于任务完成的质量给予优、良、中、及格、不及格等级的评价。

【思考与练习】

1. 什么是建筑装饰设计，有何重要作用？

2. 建筑装饰设计包括哪些内容？

3. 结合现阶段建筑装饰设计的状况，试分析其未来发展趋势。

4. 谈谈建筑装饰设计师应具备哪些素养？

1.2.1　建筑装饰设计的思维方法

建筑装饰设计中最重要的是展现个性和亮点。而亮点从何而来？创意。只有好的创意才具有强烈的艺术感染力，得到业主的认可和欣赏。创意是一种思维方法，是将通过多样化的思维渠道获得的大量知识信息，经过综合系统化的整理，或经过敏锐感性的感悟创新，或经过有条不紊的理性分析，捕捉设计思维的闪光点和亮点，从而设计出新颖、独特、有创意的作品。

室内设计中涉及多个学科的知识，一个好的设计师不仅要具备较好的专业设计知识、设计表现能力，了解装饰材料、结构构造、施工技术知识，还要具备其他艺术理论素养，如历史文化修养、民俗文化修养、时尚文化修养、艺术品鉴赏修养，以及良好的职业修养等。如一段优美的文字可以激发出精彩的创意与设计，因为艺术是相通的；不同类别的图片如摄影作品、商业广告都可以成为设计源泉。设计创作是一个非常艰辛的工作，做每一项设计都要经过大量的资料收集过程，这样才能让思路更丰富，灵感更踊跃。

当面对大量的资料、信息要处理时，应该先综合考虑设计项目的各方面情况，如外环境、建筑风格、结构形式、门窗位置、空间尺寸、供水供电情况、下水位置、交通情况、楼梯形式等，再对每个方面进行系统的分析并梳理清晰，充分地利用有效的资料信息，解决项目中各个方面产生的问题，将信息条理化、系统化。

在将大量资料信息系统化的过程中，我们的大脑思维与各种资料信息、项目问题的分析、碰撞很容易产生各种各样的灵感，一定要手随心动，利用画笔抓住这些稍纵即逝的灵感。这种感性创新一般是在打破习惯性思维的同时，变换角度，开阔视野，让思维处在完全自由的状态下，得到充分的发挥。速写是快速记录设计形象，收集第一手素材的有效方法。

设计过程本身就是循序渐进的过程，在不断地创新思维的过程中，不断地产生灵感，再不断地综合系统分析，结合设计项目的现实条件，配合其他各相关专业，一个具体的工程设计方案，从刚开始创意思维的建立，从创意构思的几个切入点开始，经过系统梳理、感性创新、理性选择以至逐渐地成熟，才能形成一个完整的方案。

1. 构思的方法

（1）主题设计法　所谓主题设计法就是在设计构思中，始终围绕一个主题进行设计的一种方法。作为设计的主题，内容可以是多种多样的。主题设计可以使设计者很快进入设计状态，并围绕主题这个主线展开一系列的设计构思，设计的条理清晰、思想鲜明，能较快地完成不同风格的设计构思。

（2）功能设计法　所谓功能设计法就是在设计构思中，始终围绕功能这个中心进行设计的一种设计方法，重视功能是功能设计法的核心思想。

（3）造型设计法　在造型设计方法中，造型取代功能成为了第一设计要素，一切设计都是围绕着造型要素而展开的。

2. 构思的步骤

（1）确立设计理念，确定设计风格　在做建筑装饰设计开始，首先要确定设计风格。

（2）准确设计定位　设计定位包括标准定位和功能定位。标准定位是指建筑装饰装修的总投入和单方造价标准，这涉及装饰材料的选用标准，室内家具、陈设、灯具、设备等的选用档次。功能定位是指设计前要明确室内空间的性质及使用功能，还包括与功能相适应的空间组织与平面布局等。

（3）资料收集　资料收集对于设计师来说，是设计创意的准备与重要积累，正所谓"得之在瞬间，积之在平时"，相关资料的大量收集为设计的开始及质量提供了必要的保证。

1）文字资料。一段优美的文字可以激发出精彩的创意与设计，因为艺术是彼此相通的，文字上的精彩描述为艺术家的创新提供了无限想象的空间与余地，通过具体的艺术形象反映出来的可能是比文字更形象、更生动、更鲜活的艺术形态。例如，陶渊明所作的《桃花源记》文字优美，激发著名设计师贝聿铭的灵感，从而设计了"滋贺县 Miho 美术馆"。

2）图片资料。不同类型的图片，如摄影作品、商业广告，哪怕是一些优秀的建筑装饰设计照片都可以成为设计的创作源泉，通过对它们的观察与研读可以获得大量、直接、有价值的信息，并且可以反映到具体的设计中去。

3）影像资料。影像是以动态的形式记录的资料形式，它不仅简单、快捷，更具有强烈的连贯性、真实性与客观性，它所记录的资料与其他资料收集方式相比，具有内容更丰富，更具感染力的特点。

（4）进行方案构思　很多时候我们的设计灵感来自于前人的指点，比如某个大师以往的设计作品，某种特殊的设计风格，都有可能成为我们新的设计创作的灵感来源。作为一个专业设计师，必须要大量地吸收设计方面的东西，多看一些优秀的设计作品，提高自己品味的同时也可以借鉴他人的设计方法。更要多想和多思考，总结前人的经验，弥补自己的不足。只有让自己融入一个良好的设计环境，深入设计领域，才能设计出优秀的作品。

（5）进行方案的分析与比较　随着科技的不断进步，艺术创作的工具与手法也在不断发展，但手绘草图的能力是每个设计师必须要具备的。首先，手绘草图代表的是设计师最基本的表达能力；其次草图是设计快速表现的最佳方式；再者，草图是捕捉创意灵感最有效、最快捷的工具。

设计草图中所表达的种种可能在某种程度上可以说是激发原创力的源泉。著名设计师伍重在悉尼歌剧院的设计中就是以一张看似不经意的草图而一举中标，并从此走向成功。由此可见，在勾勒草图时往往在随意之中会迸发出设计灵感的火花。

一般来说，在进行建筑装饰设计的空间分析以后就可以用手绘形式画出简单的三维空间草图了，为了系统地研究设计必须画多张草图，从不同的视点表现不同的空间。每多画一张草图，就会融入一些新的设计元素，这样可以帮助设计师更好地完善自己的设计，从中找到新的创作灵感。

由于在草图的描述中存在着很多不确定性，不断修改、调整的过程正是产生多种设计概念的时机所在，可以在"改变"的过程中努力表现不同的想法与观念，在动态的变化中不断求得创新，以寻求不同的可能性，从而启发多种多样的设计。

（6）通过练习启发创意性思维　创意对于任何设计都是必要的，创意性思维是每个有思维能力的人都具有的一种创造潜能。但如何认识与发挥自己的创意能力，是能否成为一个成功设计师的重要条件。

面对一个问题，是习惯于从一个起点还是从多个起点上思考，反映着思维的形式是单一还是多向的。在思路形式上，多向思路能基于主题内容的整体构成设定各个思路点，然后逐个击破。思考的源点越多、越具体，越能从问题的各个侧面延展出更大的思索空间，这样才能更好地进行设计创作。而这种从多角度思考的能力需要通过大量的练习来培养，同一个课题练习，每个人的思维都不同，要让自己接触不同的案例，进行越多的训练，自己的思维就会被开发得越广阔，从而能让自己有意识地从多个角度出发看问题，并从多个角度分析问题结果，进而整合出一套完整的设计方案。

1.2.2 建筑装饰设计的基本程序

作为建筑装饰设计师，必须了解设计的基本程序，做好设计进程中各阶段的工作，充分重视设计、材料、设备、施工等因素，运用现有的物质技术条件，将设计立意转化为现实，才能取得理想的设计效果。根据建筑装饰设计的进程，可以分为四个阶段。

1. 设计准备阶段

设计准备阶段主要是接受委托任务书，签订合同，或根据标书要求参加投标；明确设计期限并制订设计计划。

明确、分析设计任务，包括物质要求和精神要求，如设计任务的使用性质、功能特点、设计规模、等级标准、总造价和所需创造的环境气氛、艺术风格等。

收集必要的资料和信息。如熟悉相关的设计规范、定额标准；到现场勘查；参观同类型建筑装饰工程实例等。

在签订合同或制定投标文件时，还包括设计进度安排，设计费率标准，即室内设计收取业主设计费占室内装饰总投入资金的百分比。

2. 方案设计阶段

方案设计阶段是在设计准备阶段的基础上，进一步收集、分析、运用与设计任务有关的资料和信息，进行设计立意，方案构思，通过多方案比较和优化选择，确定一个初步设计方案，通过方案的调整和深入，完成初步设计方案。

在经过业主的初步审核后将反馈意见加以分析和考虑，汲取合理的意见和要求，并对初步方案进行修改。由于初步方案强调和表现的是整体效果，在方案开展阶段就需要继续对方案细化和深化，对所选用的构思计划、空间、造型、材料、色彩等透过一系列设计手段表现出来。对具体空间的处理做深入细致的分析，以深化设计构思。

3. 施工图设计阶段

施工设计阶段包括对实施方案的修改、与各专业协调及完成建筑装饰设计施工图三部分内容。建筑装饰施工图一般包括图纸目录、设计说明、平面布置图、顶棚图、各个立面图、有关节点大样细部设计图等主要方面内容。

施工图是设计意图最直接的表达，是指导工程施工的必要依据，是编制施工组织计划及预算、订购材料设备，进行工程验收及竣工核算的依据。因此，施工图设计就是进一步修改、完善初步设计，与水、电、暖、通等专业协调，并深化设计图样，要求注明尺寸、标高、材料、做法等，还应补充构造节点详图、细部大样图以及水、电、暖、通等设备管线图，并编制施工说明和造价预算等工作。

4. 设计实施阶段

工程施工期间，设计师需按照图纸的要求审核施工实况，各个专业须相互校对，经审核无误后，才能作为正式的施工依据。根据施工图纸，参照预定额来编制设计预算，对设计意图、特殊做法要做出说明。对材料选用和施工质量等方面要提出要求。为了达到预期效果，设计师应按时根据施工进度提供现场服务和变更图纸。

1.2.3　建筑装饰设计的工作流程

1. 设计委托

在实际工作中，设计任务往往是通过招标设计、邀标设计、委托设计等几种方式开展工作的。

招标设计，一般建筑装饰设计任务是通过招标完成的。委托若干家有一定设计资质的装饰工程公司来参与投标设计，通过专家的评选从中选出实施方案。

邀标设计，是指建设单位或有关部门邀请几家有实力的设计或施工单位，建设单位给每一个设计单位一定的成本设计费用，规定在一定的时间里完成建筑装饰设计任务，最后由专家评选出实施方案。

委托设计，是建设单位委托某一个设计单位进行完整的独立设计工作。但这只适用于一般中小型的建筑装饰工程项目。

2. 资料收集

资料收集工作包括意向调查、实地勘察、参考资料收集等工作内容。如果是异地设计、施工，设计者还要对当地装饰材料、施工条件、施工环境等影响设计的因素加以考察，以便设计时参考。

意向调查是要对建设单位的委托任务书进行认真分析；还要通过建设单位全面了解建设资金、周围环境、特殊功能、卫生及消防等多方面的要求。

实地勘察的工作内容包括到工程地点去考察。具体任务有了解建筑施工的结构方式、建筑材料的使用；水、暖、电、空调设备的管线走向；建筑施工质量的优劣以及建筑的空间感受等。如果是异地设计、施工，设计者还要对当地装饰材料、施工条件、施工环境等影响设计的因素加以考察。

3. 制订设计计划

设计计划按时间可分为两部分安排：

第一部分是投标阶段。设计内容可包括方案阶段、初步设计阶段。方案阶段的主要工作是，设计者通过设计构思拟定几个设计方案，最后确定正式投标方案。初步设计阶段工作内容要包括编写设计说明、初步设计图纸的绘制及编制初步设计概算三部分内容。设计成果有设计文本、展板、电子文件等。

第二部分是在设计方案被采纳后，设计计划可根据建设单位提出的设计修改要求和文件（设计委托书或合同书）制定该项建筑装饰设计的完成计划，主要包括施工设计阶段、施工监理阶段。

4. 确定设计主题与风格

确定设计主题，要求有好的设计构思、立意。一项设计，没有立意就等于没有"灵魂"，设计的难度也往往在于要有一个好的构思。一个较为成熟的构思，往往需要足够的信息量，有商讨和思考的时间，因此也可以边动笔边构思。

在做装饰设计开始，要确定设计风格。如做酒店设计可选择的风格很多，常见的如中式风格、西式风格，这里提醒注意的是中式风格包括的内容也很多，一定要定位准确。如皇家风格、江南风格、粤港风格，以及各个民族风格等。家装常见的风格如简约风格、地中海风格、田园风格等，都是近年来非常受欢迎的装饰风格。

5. 方案设计及方案调整与深化

（1）设计规划阶段　设计的根本首先是资料的占有率，是否有完善的调查，横向的比较，大量的搜索资料，归纳整理，寻找欠缺，发现问题，进而加以分析和补充，这样的反复过程会让设计在模糊和无从下手中渐渐清晰起来。

（2）概要分析阶段　应提出一个完善的和理想化的空间机能分析图，也就是抛弃实际平面而完全绝对合理的功能规划。当基础完善时，便进入了实质的设计阶段，实地的考察和详细测量是极其必要的，图纸的空间想象和实际的空间感受差别很悬殊，对实际管线和光线的了解有助于缩小设计与实际效果的差距。这时如何将理想设计结合到实际的空间当中是这个阶段所要做的。设计的目的就是在限制的条件下通过设计缩小不利条件对使用者的影响。将理想设计规划从大到小地逐步落实到实际图纸当中。

（3）设计发展阶段　从平面向三维的空间转换，其间要将初期的设计概念完善和实现到三维效果中，其实现也就是材料、色彩、采光、照明等。材料的选择首要的是屈从于设计预算，这是现实的问题，单一的或是复杂的材料是根据设计概念而确定的。虽然低廉但合理的材料应用要远远强于豪华材料的堆砌，当然优秀的材料可以更加完美的体现理想设计效果，但并不等于低预算不能创造合理的设计，关键是如何选择。色彩是体现设计理念不可或缺的因素，它和材料是相辅相成的。采光与照明是营造氛围的，艺术的形式最终是通过视觉表达而传达的。家具设计是其中的重要部分，家具是设计的中心，其他设计的实现是依附和根据家具确定的。这些设计的实现最终是依靠三维表现图向业主体现的，同时设计师也是通过三维表现来完善自己的设计的。

（4）细部设计阶段　细部设计指家具设计、装饰设计、灯具设计、门窗、墙面、顶棚连接等。这些是依附于发展阶段的完善设计阶段。大部分的问题已经在发展阶段完成，这只是更加深入地与施工和预算结合。

方案的文件通常包括：

1）平面图，常用比例1:50，1:100。

2）室内立面展开图，常用比例1:20，1:50。

3）平顶图或仰视图，常用比例1:50，1:100。

4）室内透视图。

5）室内装饰材料实样版面。

6）设计意图说明和造价概算。

初步设计方案需经审定后，方可进行施工图设计。

6. 制作装饰材料的实体样板

这也是方案设计的重要组成部分，包括材料的实体样块、尺寸规格、经销商联系方式。实体样板的提供对于控制设计效果和节约成本具有重要的实现意义。

7. 施工图设计

施工图设计阶段需要补充施工所必要的有关平面布置、室内立面和顶棚等图纸，还需包括构造节点详图、细部大样图以及设备管线图，编制施工说明和造价预算。

施工图的作用就是要将概念设计方案中所有的设计意图具体化，将初步方案进一步扩大为详细制图，最大限度地表现施工要点，让所有参与施工的人员能理解设计中所有的细节。设计文件包括平面图、立面图、水电图。

根据设计中所用的材料、加工技术、使用功能，做一个详细的大样图说明，以便形成具体的技术要求。设计大样图应明确表现出技术的施工要求，要把制作方法、构造说明、详细尺寸、表面处理等方面都明确地表现出来。确立相关专业平面布局的位置、尺寸、标高、做法等要求使之成为施工图设计的依据。

在施工图上有些难以用图解形式表达清楚的内容，就可以采用文字的方式加以说明，对于施工过程中需要格外注意的重点进行描述。

8. 设计实施

设计实施阶段也即是工程的施工阶段。装饰工程在施工前，设计人员应向施工单位进行设计意图说明及图纸的技术交底；工程施工期间需按图纸要求核对施工实况，有时还需根据现场实况提出对图纸的局部修改或补充；施工结束时，会同质检部门和建设单位进行工程验收。

1.2.4　设计人员与客户交流的技巧

和客户第一次接触，在这个过程中一定要把自己的公司介绍清楚，同时展示你的人格魅力；向客户索取第一手的资料，包括房间的功能要求、设计风格的倾向、使用材料的要求、相关专业的配套改进情况（水、电、消防和空调等专业）、主要功能房间的特殊要求、装修的资金情况和预算要求、决策人的个人情况、施工平面图等；与此同时尽量到现场勘察一番。

根据所掌握的第一手资料做工程的初步设计方案，包括总平面布置图和顶棚设计图、装修概算、主要房间的效果图以及设计说明书，然后装订成册准备和客户进行第二次沟通。在这期间应该经常和客户进行电话沟通，一是为了更准确地把握设计的方向，二是加强设计人员在客户心目中的印象。

和客户进一步沟通时要做到：向客户讲清楚平面布置图，讲清楚设计思路和设计风格；对客户第一次提出的问题应该一一做出清晰的解释和答复；结合预算的情况向客户讲清楚方案的优点所在，成本的合理性以及工时的保障。

修正设计，设计人员对初步方案进行修正，修正之后做出标书，标书的内容应该包括：公司的简介及做过的相关工程情况；平面图、天花图及主要界面的立面图；简单的电器平面图；各主要房间的效果图；施工所用的材质小样；施工预算；稍大点的工程还要做施工组织设计，准备好这些资料后做成标书，装订成册。

【项目实训】　建筑装饰设计程序

1. 实训目的

通过对建筑装饰设计程序的模拟实训，了解建筑装饰设计程序的具体内容和注意事项，以便今后在工作中能够合理地运用，为建筑装饰设计的综合运用奠定基础。

2. 实训教学设备及消耗材料

1）测量仪器：数码照相机、激光测距仪、地质罗盘仪等。

2）绘图工具：图板、丁字尺、三角板、量角器、曲线板、模板、圆规、比例尺、绘图笔等。

3）计算机辅助设计软件：AutoCAD、3Dmax、Photoshop。

4）其他：打印机等各类辅助工具。

5）图纸：某一项目全套图纸：采用国际通用的 A 系列幅面规格的图纸。

3. 实训内容步骤

选择已完成且具代表性的某一小户型家装设计项目，进行过程模拟。

1）踏勘现场，领取资料。各小组到指定项目基地集合，进行现场勘察、答疑并交付有关技术资料。

2）资格审查。各小组向设计组（由任课老师组成）提交家装过程设计项目策划书，设计组指定时间组织相关专家（由任课教师组成）对项目策划书进行审议，从中择优选出 4 ~ 6 个设计小组参与家装项目设计工作。

3）报送设计方案。各小组将设计方案递交到设计组进行初审。

4）设计方案评标。设计组指定时间组织专家（由教师及学生组成）组成评审委员会，对初审合格的设计方案进行综合评审，根据评审委员会的评审意见，从参与设计的设计小组中确定一个设计小组为中标单位。

5）中标的小组根据专家组的评审意见，集合本标段两个方案的优点整合成一个最优方案为最终设计成果，递交到设计组。

4. 成果要求

每个小组写实训报告 1 份。

要求：完整、准确地描述设计程序过程，整理出一套完整设计材料。

备注：在实训模拟过程中使用到的各种证件、图纸等可由任课教师选用已完成项目竞标过程中使用过的各种资料。

5. 任务评价

对于任务完成的质量给予优、良、中、及格、不及格等级的评价。

【思考与练习】

1. 建筑装饰设计的构思有哪几种方法？

2. 建筑装饰设计的基本程序包括哪几个阶段？

3. 设计人员应具备哪几方面的素质和能力？

课题 3   建筑装饰设计的要素设计

1.3.1   室内空间组织设计

1. 空间的概念

空间是物质存在的一种客观形式，由长度、宽度和高度表示，是物质存在的广延性和伸张性的表现。

与人有关的空间有自然空间和人工空间两大类，自然空间如自然界的山谷、沙漠、草地等，人工空间是人们为了达到某种目的而创造的空间，这类空间是由界面围合的，底下的称"底界面"，顶部的称"顶界面"，周围的称"侧界面"，根据有无顶界面，人们又把人工空间分为两种，无顶界面的称为室外空间，如广场、庭院等，有顶界面的称为室内空间，如厅、堂、室等，也包括无侧界面的亭子、廊等。室内空间，相对于自然空间，是人类有序生活所需要的产品。外部和大自然发生关系，如天空、太阳、山水、树木、花草；内部主要和人工因素发生关系，如地面、家具、灯光、陈设等。

室内空间是人类劳动的产物，人对空间的需要，是一个从低级到高级，从满足生活上的需求到满足心理上的需求的发展过程。从原始人的穴居发展到具有完善设施的室内空间，是人类经过漫长的岁月，对自然环境进行长期改造的结果。

我们的日常生活总是占有空间，无论起居、交往、工作、学习等，都需要一个适合于这些生活活动的室内空间，因此，室内空间不但反映人们的生活活动和社会特征，还制约人和社会的各种活动；它不但表现人类的文明和进步，而且影响着人类的文明和进步，制约着社会的观念和行为。人们在时代、民族、地域的物质生活方式必将在室内空间上得到反映；人们在各种活动中所寻求的精神需求、审美理想也会在室内空间艺术中得到满足。这也正是展现室内空间文化价值的必然前提。

室内空间是室内设计的基础，空间处理是室内设计的主要内容，室内是与人最接近的空间环境，人在室内活动，身临其境，室内空间周围存在的一切与人息息相关。其形状、大小、比例、开敞与封闭等，直接影响室内环境的质量和人们的生活质量。由空间采光、照明、色彩、装修、家具、陈设等多种不同特质因素综合形成的室内空间，在人的心理上产生比室外空间更强的承受力和感受力，从而影响到人的生理、精神状态。对室内设计来说，这种内与外、人工与自然、外部空间和内部空间紧密相连的、合乎逻辑的内涵，是室内设计的基本出发点，也是室内外空间交融、渗透、更替现象产生的基础。

2. 空间的构成形态

空间是室内设计的主导要素，在抽象的概念中"空间是一个三维统一连续体"。在室内设计的概念中，只有对空间加以目的性限定，才具有室内设计的实际意义。

由空间限定要素构成的建筑，表现为存在的物质实体和虚无空间两种形态。从室内设计的角度出发，建筑界面内外的虚实都具有设计上的意义。由建筑界面围合的内部虚空恰恰是室内设计的主要内容。限定要素之间的"无"，比限定要素的本体"有"，更具有实在的价值。

构成空间的样式从空间类型到形式手段，可以根据功能属性和实际情况做出多种选择，但综合其特性基本可归纳为两种形态；

1）以建筑框架为依据，进行室内空间的实际性围合的实体空间。实体空间多以面型、线、面型结合的方式构成，具有明确的区域使用属性，功能也较专一，空间具有私密性、独立性、封闭性等特点。

2）以建筑框架为依据，进行室内空间的虚质性围合的虚形空间。虚形空间多以屏风、隔断、装饰柱、梁、平面凹凸、家具陈设等方式构成，没有明确的区域使用属性，使用功能复合，空间具有透明性、公开性、开敞性等特点。

3. 室内空间的类型

室内空间的类型可从空间的构成形式、形状、形态、功能、风格等方面进行区别分类，不同的分类角度会产生不同的构成类型。如按空间的形成过程分类，可分为固定空间和可变空间；从空间态势上区分，可分为静态空间和动态空间；从空间形状区分上分类有凹凸空间、流动空间；从空间开敞程度上分，可分为开敞空间和封闭空间；从空间功能区别上分类有交错空间、共享空间；从空间限定的程度分，可分为实体空间和虚拟空间；从空间的风格类别上分类有结构空间、迷幻空间；从局部地面的标高变化上分类有下沉式空间、地台式空间等。当然，这种区分仅仅是基于研究上的便利考虑，并非某种模式规律的必然。明确这一点，对于灵活把握空间的构造类型，并在此基础上发挥充分的想象与创造是十分有利的。

（1）按空间的形成过程区分

1）固定空间。固定空间是由墙、柱、楼板或屋盖围合成的空间，空间的形状、尺度、位置等往往是不能改变的，空间的功能明确，界面固定（图1-3-1）。

图1-3-1 台湾某居住空间

2）可变空间。可变空间是在固定空间内用隔墙、隔断、家具、陈设等划分出来的空间，可变空间是一种灵活可变、适应性强的空间，可根据不同使用功能的需要改变自身空间形式（图1-3-2）。

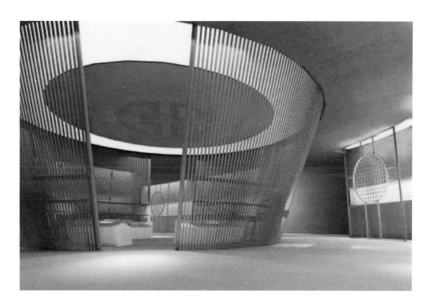

图 1-3-2　世博会中国馆礼品店

（2）从空间态势上区分

1）静态空间。静态空间即在空间构造状态上，通过饰面、景物、陈设营造的静态环境空间。静态空间一般说来形式比较稳定，室内陈设的空间分隔趋向对称、均衡，多为尽端空间。室内以柔和、淡雅、简洁为基调，空间比较封闭，构成比较单一，视觉常被引导在一个方位或落在一个点上，空间常表现得非常清晰明确，一目了然（图 1-3-3）。

图 1-3-3　家具陈设营造的静态空间

2）动态空间。动态空间即在空间构造状态上，通过饰面、景物陈设营造的动态环境空间。动态空间的设计基调热烈且刺激性强，室内墙面可采用对比强烈的图案（或色块）和有动感的线、面型进行组合；空间的分割宜灵活处理、序列多变；室内陈设在引进一些具有动感的自然景物外，还可利用一些机电类装置营造丰富多彩的空间动势。如图 1-3-4、图 1-3-5 所示。

图 1-3-4　界面形体与线型设计动感强烈

图 1-3-5　充满动感设计的德国
奥斯纳·布吕克的绿色小酒馆

动态开敞空间具有如下特征：

① 界面围合不完整，某一侧界面具有开洞或启闭的形态；

② 外向性强，限定度弱，具有与自然和周围环境交流渗透的特点；

③ 利用自然、物理和人为的诸种要素，造成空间与时间结合的"四维空间"；

④ 界面形体对比变化，图案线型动感强烈。

（3）从空间形状上区分

1）凹凸空间。凹凸空间即在空间构造形状上，通过空间内部表面起伏形成外凸或内凹的空间。这类空间一般采用在水平方向设置悬板或利用地面下沉，或在垂直方向以外凸和内凹的形式来构造空间。设计时讲究分割的合理、造型形状的美观、视线和心理需求的趣味适度。如图 1-3-6、图 1-3-7 所示。

图 1-3-6　垂直方向外凸的形式

图 1-3-7　垂直方向内凹的形式

2）流动空间。流动空间即在空间构造形状上利用空间室内部面、线型的方向暗示形成流动的空间。流动空间在区域的界定上明确，但各部分空间之间具有一定的导向性，即通过高低错落等造型手段使人的心态处于一种连续运动的空间状态。设计时往往借助流畅而富有导向的线、面、形来构造（图 1-3-8、图 1-3-9）。

图 1-3-8　构造形状暗示形成流动的空间　　　　图 1-3-9　线型的方向暗示形成流动的空间

（4）从空间开敞程度上区分

开敞空间和封闭空间也有程度上的区别，如介于两者之间的半开敞和半封闭空间。它取决于房间的适用性质和周围环境的关系，以及视觉上和心理上的需要。

1）开敞空间。开敞空间即在空间构造形式上，通过构造方式营造一种室内外能够相互交融的空间。开敞空间一般用作室内外的过渡空间，有一定的流动性和趣味性，在空间感上，开敞空间是流动的、渗透的，是开放心理对环境的一种需求。在心理效果上，开敞空间常表现为开朗的、活跃的；在对景观关系上和空间性格上，开敞空间是收纳性的、开放性的，开敞空间多以线形为主，强调与周围环境的交流、渗透，讲究对景、移景与借景，同时强调与周围环境的融合（图 1-3-10、图 1-3-11）。

图 1-3-10　某餐厅利用借景手法处理　　　　　　图 1-3-11　开敞的接待厅

2）封闭空间。封闭空间即在空间构造形式上，通过构造方式营造相对独立的空间。封闭空间具有私密性强、安全、可靠等特点。在空间感上，封闭空间是静止的、凝滞的，有利于隔绝外来的各种干扰；在心理效果上，封闭空间常表现为严肃的、安静的或沉闷的，但富于安全感；在对景观关系上和空间性格上，封闭空间是拒绝性的，室内构造多取面型。为缓和其单调、闭塞的感觉，可借助灯、窗、镜面、隔断来扩大空间的视觉范围并加强空间的层次感（图 1-3-12）。

（5）从空间功能区别上区分

1）交错空间。交错空间即在空间构造功能上，通过多个功能空间的相互交错营造的公共活动空间。现代空间设计往往在空间条件许可的基础上，打破传统的盒式空间构造形式，要水平方向采用垂直围护的交错配置；在垂直方向采用上下错开对位的形式来营造多功能互错的使用空间（图1-3-13）。

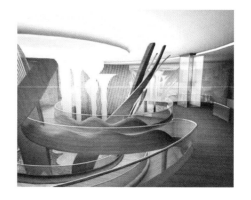

图1-3-12　安静的住宅空间　　　　　　图1-3-13　日本爱知世博会中国馆内中心展区

2）共享空间。共享空间即在空间构造功能上，通过景物陈设、小空间的营造达到多功能重复使用的公共活动空间。共享空间一般适用于公共场所。这类空间保持着区域界定的灵活性，多采用线形、面形分割同一大范围空间，使其小中有大、大中有小；内外交融、互为共享，从而满足人的"选择"与"交流"的心理需求（图1-3-14）。

（6）从空间限定的程度上区分

1）实体空间。空间限定明确，有较强独立性的空间，称为实体空间（图1-3-15）。

图1-3-14　印度尼西亚某宾馆共享空间　　　图1-3-15　较强独立性的客厅空间

2）虚拟空间。虚拟空间是指在界定的空间内，通过界面的局部变化而再次限定的空间，如局部升高或降低地坪或顶棚的标高，或以不同材质、色彩的平面变化来限定空间等（图1-3-16、图1-3-17）。

虚拟流动空间具有如下特征：

① 不以界面围合作为限定要素，依靠形体的启示、视觉的联想与"视觉完形性"来划定空间；

② 以象征性的分隔，造成视野通透、交通无阻隔，保持最大限度交融与连续的空间；

③ 极富流动感的方向引导性空间线形；

④ 借助于室内部件及装饰要素形成的"心理空间"。

图 1-3-16　度假酒店室内空间

图 1-3-17　用综合手法限定的空间

（7）从空间的风格类别区分

1）结构空间。结构空间即在空间构造风格上，利用几何原理进行立体构成的空间（图 1-3-18）。这类空间由于充分利用合理的结构本身与美学意义上的再生结构融为一体，比之烦琐和虚假的装饰，具有更强的视觉冲击力和建筑结构本身独具的魅力。

2）迷幻空间。迷幻空间即在空间构造风格上，通过结构形式、材料肌理、光感效应等因素营造的幻觉空间（图 1-3-19）。迷幻空间以追求神秘、幽深、新奇、动荡、变幻莫测、光怪陆离的空间效果为原则，在设计时，往往背离空间的原型进行逆反正常视觉经验的空间改造，使人的心态处于一种新奇怪诞、错觉频生的兴奋状态。

图 1-3-18　结构合理、美观实用的楼梯

图 1-3-19　利用光感效应构成迷幻空间

（8）从局部地面的标高变区分

1）下沉式空间。室内地面局部下沉，在统一的室内空间中就产生了一个界限明确、富有变化的独立空间。由于下沉地面标高比周围的要低，因此有一种隐蔽感、保护感和宁静感，使其成为具有一定私密性的小天地，人们在其中休息、交谈也倍觉亲切，在其中工作、

学习，也较少受到干扰。同时随着视点的降低，空间感觉增大，对室内外景观也会引起不同凡俗的变化，并能适用于多种性质的房间（图1-3-20）。

图1-3-20　泰国某度假酒店下沉空间

2）地台式空间。与下沉式空间相反，是将室内地面局部升高也能在室内产生一个边界十分明确的空间（图1-3-21），其功能、作用几乎和下沉式空间相反，由于地面升高形成一个台座，和周围空间相比变得十分醒目突出，因此它们的用途适宜于惹人注目的展示和陈列或眺望。许多商店常利用地台式空间将最新产品布置在那里，使人们一进店堂就可一目了然，很好地发挥了商品的宣传作用（图1-3-22）。

图1-3-21　地台式展示空间

图1-3-22　某住宅餐厅空间

4. 空间的构成技巧

空间的分隔是营造空间类型的基本手段。从分隔的方向而言，可划分为垂直型空间分隔和水平型空间分隔；从分隔的自身性质而言，有完全分隔和部分分隔，象征性分隔和弹性分隔的区别。但不管何种形式的分隔，均必须根据空间的使用功能，在空间序列的合理与视觉心态的满足基础上进行。

（1）利用建筑结构营造空间　建筑结构包括土、木、钢梁及柱头、楼梯等。进行空间分隔时，充分利用这些原有的建筑因素进行巧妙的设计，使之合理地成为空间整体的一部分（图1-3-23）。

（2）利用装饰结构营造空间　装饰结构主要起美化空间的作用，使空间趋于一种象征意义上的构成，从而提高视觉欣赏及审美的层次。设计时，要注意空间的整体协调，务必避免生搬硬套（图1-3-24）。

图1-3-23　某建筑师事务所柱式巧妙设计　　　　　图1-3-24　利用装饰结构美化空间

（3）利用不同隔断营造空间　由于构造隔断的材料与形式很多，主要依据使用的情形和环境的需求来确定，使用得当，可起到意念上的空间范围扩大和视觉层次上的效果丰富的作用（图1-3-25）。

a）　　　　　　　　　　　　　　　　b）

图1-3-25　利用不同隔断营造空间

a）视觉通透的木质隔断　b）利用透明玻璃分隔空间

（4）利用家具陈设营造空间　家具的合理陈设，既能增强空间的使用功能，又能增添空间的趣味性能。值得注意的是这类空间的营造，往往要求家具和空间构造同步考虑。使之与空间成为一个和谐的整体（图 1-3-26）。

（5）利用材质不同营造空间　选用材质的不同区分空间区域，既能从心理上领略不同的空间氛围，又能在视觉上满足不同空间区别连续欣赏的需求。构造这类空间时，应注意区域之间的材料搭配与呼应和空间风格上的和谐统一（图 1-3-27）。

图 1-3-26　利用家具陈设营造空间

图 1-3-27　利用地面材质不同划分功能空间

（6）利用颜色差营造空间　不同的颜色既能调节空间的氛围和空间性格，又能增强空间的领域感和区分同一空间内的不同区域，是营造空间时常用的简便手段（图 1-3-28）。

（7）利用照明光差营造空间　灯光照明能使视觉凝聚于某一空间或滞延视觉的感应而起到分隔空间的作用，是营造空间的一种独特形式。这类空间的构造，应把光照范围与光照强度综合起来考虑。不同的光源强度和光照形式所产生的空间视觉感应也不一样，这种似"无"胜"有"的空间营造形式是构造室内空间的独特手段（图 1-3-29）。

图 1-3-28　利用不同色彩限定空间区域

图 1-3-29　利用光影营造空间

（8）利用自然景物营造空间　水体、绿化等自然景物，常用来点缀和构造室内空间，具有"返璞归真"的审美倾向和清新、亲切的感觉成分。设计时，应尽量根据空间的地形进行合理的分布和根据使用功能的需求进行适度的点缀（图 1-3-30）。

（9）利用综合手段营造空间　当采用单一的手法不能达到预期的空间构想时，往往利用多种手法来进行，使其更丰富和更具内涵。值得注意的是，尽管前面提及的空间构造形式也有可能存在相互交叉的情况，但其空间特性仍然是以某一形式为主导，而采用综合手段营造的空间，则是由两种或几种空间构造形式同时支配着整个空间氛围的形成（图1-3-31）。

图1-3-30　利用自然景物营造空间　　　　图1-3-31　利用综合手段营造空间

5. 室内空间的功能

空间的功能包括物质功能和精神功能两个方面。

物质功能包括使用上的要求，如空间的面积、大小、形状，适合的家具、设备布置，空间功能合理且使用方便，交通组织、疏散、消防、安全措施等方面，以及科学地创造良好的采光、照明、通风、隔声、隔热等的物理环境等。

精神功能是在物质功能的基础上，在满足物质需求的同时，从人的文化、心理需求出发，如人的不同爱好、愿望、意志、审美情趣、民族文化、民族象征、民族风格等，并能充分体现在空间形式的处理和空间形象的塑造上，使人们获得精神上的满足和美的享受。关于个人的心理需要，如对个性、社会地位、职业、文化教育等方面的表现和对个人理想目标的追求等提出的要求。心理需要还可以通过对人们行为模式的分析去了解。

而对于建筑空间形象的美感问题，由于审美观念的差别，往往难于一致，而且审美观念就每个人来说也是发展变化的，要确立统一的标准是困难的，但这并不能否定建筑形象美的一般规律。建筑美，不论其内部或外部均可概括为形式美和意境美两个主要方面。

空间形式美的规律如平常所说的构图原则或构图规律，有统一与变化、对比与微差、韵律与节奏、比例与尺度、均衡与重点、比拟和联想等，由于人的审美观念的发展变化，这些规律也在不断得到补充、调整，以至产生新的构图规律。

所谓意境美就是要表现特定场合下的特殊性格，也可称为建筑个性或建筑性格。是室内设计创作的主要任务。如太和殿的"威严"，朗香教堂的"神秘"，落水别墅的"幽雅"都表现出建筑的性格特点，达到了具有感染强烈的意境效果，是空间艺术表现的典范。

意境创造要抓住人的心灵，就首先要了解和掌握人的心理状态和心理活动规律。此外，还可以通过人的行为模式来分析人的不同的心理特点。在创造意境美时，还应注意时代的、民族的、地方的风格的表现。

6. 空间的分隔和组合

（1）分隔方式概述　大量的室内空间或由于结构的需要，或由于功能的要求，需要设置一定的列柱和各种不同的空间形式，这就需要从不同程度上把原来的空间分隔成若干个部分。

　　室内设计的首要问题无疑是空间的组织问题，室内空间的组合，从某种意义上讲，也就是根据不同使用目的，对空间在垂直和水平方向进行各种各样的分隔和联系，通过不同的分隔和联系方式，为人们提供良好的空间环境，满足不同的活动需要，并使其达到物质功能与精神功能的统一。采用何种分隔方式，既要根据空间的特点和功能要求选择，同时还需考虑

人的审美和心理需求。近年来，随着物质材料的多样化，立体的、平面的、相互穿插等装饰形式的不断出现，现代室内设计中空间的分隔主要体现在光环境、色彩、声与材质上。通过光影、明暗、虚实、陈设的简繁以及空间处理的变化等，都能产生形态各异的空间分隔形式，从空间的分隔与联系程度的不同，可以将其归纳为下列几种分隔方式。

　　1）绝对分隔。以限定度高的实体界面分隔空间，称为绝对分隔。实体界面主要以到顶的承重墙、轻质隔墙、活动隔断等组成。绝对分隔是封闭性的，分隔出的空间界限非常明确，限定度高，隔离视线，隔声良好，温、湿度稳定等，具有全面抗干扰的能力，保证了安静、私密的功能需求。但这种分隔形式与周围环境交流较少，过于封闭，缺乏流动性（图1-3-32）。

图1-3-32　绝对分隔

　　2）局部分隔。以限定度低的局部界面分隔空间，称为局部分隔，又称为相对分隔。局部界面主要以不到顶的隔墙、翼墙、屏风、较高的家具等组成。局部分隔具有一定的流动性，其限定度的强弱因界面的大小、材质、形态而异，分隔出的空间界限不太明确。局部分隔的形式有四种：即一字形垂直面分隔，L字形垂直面分隔，U字形垂直面分隔，平行垂直面分隔，如图1-3-33～图1-3-36所示。

图1-3-33　屏风分隔空间

图1-3-34　某时尚酒店的一字形垂直面分隔

图1-3-35 U字形垂直面分隔

图1-3-36 平行垂直面分隔

3）弹性分隔：有些空间是用活动隔断（折叠式、推拉式、升降式）分隔的，被分隔的部分可视需要各自独立，或视需要重新组合成大空间而确定，目的是增加功能上的灵活性（图1-3-37～图1-3-39）。

图1-3-37 活动隔断弹性分隔

图1-3-38 利用帷幔弹性分隔的空间

4）象征性分隔：非实体界面分隔的空间称为象征性分隔。非实体界面是以栏杆、罩、花格、构架、玻璃等通透的隔断，以及家具、绿化、水体、色彩、材质、光线、高差、音响、气味、悬垂物等因素组成。这是一种限定度很低的分隔方式。空间界面虚拟模糊、限定度低、空间开放，具有意象性的心理效应，其空间划分隔而不断，通透深邃，层次丰富，意境深远，流动性极强（图1-3-40～图1-3-42）。

（2）空间分隔的具体手法 空间分隔可分为固定式和活动式。按分隔程度的不同有实隔、虚隔、半实半虚隔。一般分隔方式有以下几种：

图1-3-39 利用家具弹性分隔的空间

图 1-3-40 悬垂物分隔空间

图 1-3-41 花格分隔空间

图 1-3-42 艺术玻璃隔墙分隔空间

1）利用建筑结构与装饰构架分隔空间。利用建筑本身的结构和内部空间的装饰构架进行分隔，具有力度感、工艺感、安全感，结构架以简练的点、线要素组成通透的虚拟界面（图1-3-43）。

图1-3-43　装饰构架分隔空间

2）隔断与家具分隔空间。利用隔断和家具进行分隔，具有很强的领域感，容易形成空间的围合中心。隔断以垂直面的分隔为主；家具以水平面的分隔为主（图1-3-44、图1-3-45）。

图1-3-44　垂直隔断分隔空间　　　　　　　图1-3-45　家具分隔空间

3）光色与质感分隔空间。利用色相的明度、纯度变化，材质的粗糙与平滑对比，照明的配光形式区分，达到分隔空间的目的（图1-3-46）。

4）界面凸凹与高低分隔空间。利用界面凸凹和高低的变化进行分隔，具有较强的展示性，使空间的情调富于戏剧性变化，活跃与乐趣并存（图1-3-47）。

图 1-3-46　光色与质感分隔空间　　　　　　图 1-3-47　界面凸凹与高低分隔空间

5）陈设与装饰分隔空间。利用陈设和装饰进行分隔，具有较强的向心感，空间充实，层次变化丰富，容易形成视觉中心（图 1-3-48）。

6）水体与绿化分隔空间。利用水体和绿化进行分隔，具有美化和扩大空间的效应，充满生机的装饰性，使人亲近自然的心理得到很大的满足（图 1-3-49）。

图 1-3-48　陈设和装饰分隔空间　　　　　　图 1-3-49　利用水体分隔

（3）空间组合　大多数建筑都是由若干个空间组成的，于是，便出现了如何把它们组合在一起的问题，多个空间相组合，涉及空间的过渡、衔接、对比、统一等，必要时还要构成一个完整的序列。多个空间的组合，可能出现千万个不同的形体，但从类型上看，不外乎包容性、邻接性、穿插性、过渡性、综合性组合。

1）包容性组合：以二次限定的手法，在一个大空间中包容另一个小空间，称为包容性组合。

2）邻接性组合：两个不同形态的空间以对接的方式进行组合，称为邻接性组合。

3）穿插性组合：以交错嵌入的方式进行组合的空间，称为穿插性组合。

4）过渡性组合：以空间界面交融渗透的限定方式进行组合，称为过渡性组合。

5）综合性组合：综合自然及内外空间要素，以灵活通透的流动性空间处理进行组合，称为综合性组合。

7. 空间的序列

作室内设计是一门时空连续的四维表现艺术,主要在于它的时间和空间艺术的不可分割性。在室内设计中空间实体主要是建筑的界面,界面的效果是人在空间的流动中形成的不同视觉观感,因此,界面艺术表现是以个体人的主观时间延续来实现的。

在这种时间顺序中,不断地感受到建筑空间实体与虚形在造型、色彩、样式、尺度、比例等多方面信息的刺激,从而产生不同的空间体验。人在行动中连续变换视点和角度,这种在时间上的延续移位就给传统的三维空间增添了新的度量,于是时间在这里成为第四度空间,正是人的行动赋予了第四度空间以完全的实在性。

在室内设计中常常提到空间序列的概念,空间序列在客观上表现为空间以不同尺度与样式连续排列的形态。所谓空间序列,是指将空间的各种形态与人们活动的功能要求,按先后顺序有机地结合起来,组成一个有秩序、有变化的完整空间群体。

组织空间序列,就是沿着主要人流路线逐一展开空间,在展开过程中,要注意空间序列的开始、高潮和结束,就像一首乐曲一样,要有起伏、有高潮、有开始、有结束,使人在心理上和生理上产生一系列的变化,时而平静,时而起伏,婉转悠扬,既协调又有鲜明的节奏,从而达到情绪和精神上的共鸣。因而,人在空间活动感受到的精神状态是空间序列考虑的基本因素,空间的艺术章法是空间序列设计的主要内容。

(1) 序列的全过程　空间序列的全过程一般可以分为起始阶段、过渡阶段、高潮阶段和终结阶段。

1) 起始阶段。这个阶段为序列的开端,开端的第一印象在任何时间艺术中无不被予以充分重视,一般说来,足够的吸引力和良好的第一印象是起始阶段考虑的主要核心。

2) 过渡阶段。它既是起始后的承接阶段,又是出现高潮阶段的前奏,在序列中,起到承前启后、继往开来的作用,是序列中关键的一环。特别在长序列中,过渡阶段可以表现出若干不同层次和细微的变化,由于它紧接着高潮阶段,因此,所具有的引导、启示、酝酿、期待的作用,是该阶段考虑的主要因素。

3) 高潮阶段。高潮阶段是全序列的中心,从某种意义上说,其他各个阶段都是为高潮的出现服务的,因此,常是精华和目的所在,也是序列艺术的最高体现。高潮阶段的设计核心,是充分考虑期待后的心理满足和激发情绪并使之达到顶峰。

4) 终结阶段。由高潮回复到平静,以恢复正常状态是终结阶段的主要任务,它虽然没有高潮阶段那么显要,但也是序列中必不可少的组成部分,良好的结束又似余音缭绕,有利于对高潮的追思和联想,耐人寻味。

(2) 不同类型建筑对序列的要求　不同性质的建筑有不同的空间序列布局,不同的空间序列艺术手法有不同的序列设计章法。因此,在现实丰富多样的活动内容中,空间序列设计绝不会是完全像上述序列那样一个模式,突破常例有时反而能获得意想不到的效果,这几乎也是一切艺术创作的一般规律。因此,除了熟悉、掌握空间序列设计的普遍性外,在进行创作时,应充分注意不同情况下的特殊性。一般说来,影响空间序列的关键在于:

1) 序列长短的选择。序列的长短即反映高潮出现的快慢。由于高潮一出现,就意味着序列全过程即将结束,因此,一般说来,对高潮的出现绝不轻易处理,对于有充裕时间进行观赏游览的建筑空间,为迎合游客尽兴而归的心理愿望,将建筑空间序列适当拉长也是恰当的。

长序列——高潮阶段出现越晚,层次必须增多,通过时空效应对人心理的影响必然更加深刻。长序列的设计往往运用于需要强调高潮的重要性、宏伟性与高贵性。如北京故宫、毛主席纪念堂等。

短序列——强调效率、速度、节约时间、一目了然。如各种交通客站,它的室内布置应该一目了然,层次越少越好,通过的时间越短越好,不使旅客因找不到办理手续的地点和迂回曲折的出入口而造成心理紧张。

2)序列布局类型的选择。采取何种序列布局,决定于建筑的性质、规模、地形环境等因素.一般可分为对称式和不对称式,规则式或自由式。空间序列线路,一般可分为直线式、曲线式、循环式、迂回式、盘旋式、立交式等。我国传统宫廷、寺庙以规则式和曲线式居多,而园林别墅以自由式和迂回曲折式居多,这对建筑性质的表达很有作用。现代许多规模宏大的集合式空间,丰富的空间层次常为循环往复式和立交式的序列线路。

3)高潮的选择。能反映建筑性质特征的、集中一切精华所在的主体空间,通常是高潮的所在,成为整个建筑的中心和参观来访者所向往的最后目的地。根据建筑的性质和规模不同,考虑高潮出现的次数和位置也不一样,多功能、综合性、规模较大的建筑,具有形成多中心、多高潮的可能性。即便如此,也有主从之分,整个序列似高潮起伏的波浪一样,从中可以找出最高的波峰。根据正常的空间序列,高潮的位置总是偏后。

以吸引、招揽顾客为目的的公共建筑中对于高潮的处理,是要求高潮在序列的布置中不过于隐蔽,一般选择全建筑中最引人注目和引人入胜的精华所在,希望以此作为显示该建筑的规模、标准和舒适程度的体现。常布置于接近建筑入口和建筑中心的位置。这种在短时间出现高潮的序列布置,因为序列短,没有或很少有预示性的过渡阶段,人们由于缺乏思想准备,反而会引起出其不意的新奇感和惊叹感,这也是一般短序列章法的特点。由此可见,不论采取何种不同的序列章法,总是和建筑的目的性一致的,也只有建立在客观需要基础上的空间序列艺术,才能显示其强大的生命力。

(3)空间序列的设计手法 良好的空间序列设计,宛似一部完整的乐章、动人的诗篇。空间序列的不同阶段和写文章一样,有起、承、转、合,和乐曲一样,有主题、起伏、高潮、结束。通过建筑空间的连续性和整体性给人以强烈的印象、深刻的记忆和美的享受。

但是良好的序列章法还是要靠通过每个局部空间,包括装修、色彩、陈设、照明等一系列艺术手段的创造来实现,因此,研究与序列有关的空间构图就成为十分重要的问题了,一般应注意下列几方面:

1)空间的导向性。指导人们行动方向的建筑处理,称为空间的导向性。良好的交通路线设计,不需要指路标和文字说明牌,而是用建筑所特有的语言传递信息,与人对话。许多连续排列的物体,如列柱、连续的柜台,以至装饰灯具与绿化组合等,容易引起人们的注意,不自觉地随着行动。有时也利用带有方向性的色彩、线条,结合地面和顶棚等的装饰处理,来暗示或强调人们行动的方向和提高人们的注意力。因此,室内空间的各种韵律构图和象征方向的形象性构图就成为建立空间导向性的主要手法(图1-3-50)。

图1-3-50 空间导向处理

2）视觉中心。在一定范围内引起人们注意的目的物称为视觉中心。空间的导向性有时也只能在有限的条件内设置，因此，在整个序列设计过程中，有时还必须依靠在关键部位设置引起人们强烈注意的物体，以吸引人们的视线，勾起人们向往的欲望，控制空间距离。

视觉中心的设置一般是具有强烈装饰趣味的物件标志，它既有被欣赏的价值，又在空间上起到一定的注视和引导作用，一般多在交通的入口处、转折点和容易迷失方向的关键部位设置（图 1-3-51）。

图 1-3-51　某入口装饰性雕塑

3）空间构图的对比与统一。空间序列的全过程，就是一系列相互联系的空间过渡。对不同序列阶段，在空间处理上各有不同，以造成不同的空间气氛，但又彼此联系，前后衔接，形成有章法要求的统一体。

按照总的序列格局安排，来处理前后空间的关系，一般来说，在高潮阶段出现以前，一切空间过渡的形式可能，也应该有所区别，但在本质上应基本一致，以强调共性和统一的手法为主。紧接高潮前准备的过渡空间，往往就采取对比的手法，诸如先收后放，先抑后扬，欲明先暗等，以强调和突出高潮阶段的到来。

1.3.2　室内空间界面设计

室内界面，即围合室内空间的底面（楼、地面）、侧面（墙面、隔断）和顶面。这三部分确定了室内空间大小和不同的空间形态，从而形成了室内空间环境。

从室内设计的整体概念出发，我们必须把空间与界面有机地结合在一起来分析和对待。在具体的设计进程中，在室内空间组织、平面布局基本确定以后，对界面实体的设计就显得非常突出。室内界面的设计，既有功能技术要求，也有造型和美观要求。作为材料实体的界面，有界面的线形和色彩设计，界面的材质选用和构造等问题。此外，现代室内环境的界面设计还需要与房屋室内的设施、设备周密地协调，如界面与风管尺寸及出、回风口的位置，界面与嵌入灯具或灯槽的设置，以及界面与消防喷淋、报警、通信、音响、监控等设施的接口也极需重视。

1. 室内界面处理的内容

室内界面设计，包括造型和美观方面等方面的内容。具体表现在：

（1）结构与材料　结构和材料是界面处理的基础，其本身也具备朴素、自然的美。

（2）形体与过渡　界面形体的变化是空间造型的根本，两个界面不同的过渡处理造就了空间的个性。

（3）质感与光影　材料的质感变化是界面处理最基本的手法，利用采光和照明投射于界面的不同光影，成为营造空间氛围最主要的手段。

（4）色彩与图案　在界面处理上，色彩和图案是依附于质感与光影变化的，不同的色彩图案赋予界面鲜明的装饰个性，从而影响到整个空间。

（5）变化与层次　界面的变化与层次是依靠结构、材料、形体、质感、光影、色彩、图案等要素的合理搭配而构成的。

另外，在界面围合的空间处理上，一般遵循：对比与统一、主从与重点、均衡与稳定、对比与微差、节奏与韵律、比例与尺度的艺术处理法则。

2. 室内空间界面功能特点

（1）地面　地面处理应具有耐磨、防滑、易清洁、防静电等功能特点。

（2）墙面　墙面处理应具有挡视线，较高的隔声、吸声、保温、隔热等功能特点。

（3）顶面　顶面处理应具有质轻，光反射率高，较高的隔声、吸声、保温、隔热等功能特点。

3. 室内空间各界面设计的原则与要点

（1）室内空间各界面设计的原则

1）在室内空间环境的整体氛围上，要服从不同功能的室内空间的特定要求。

2）室内空间界面和某些配套设施在处理上切忌过分突出。

3）充分利用材料质感。质地美，能加强艺术表现力，给人以不同的感受。

4）充分利用色彩的效果。确定室内环境的基调，创造室内的典雅气氛，主要靠色彩的表现力。色彩对视觉有强烈的感染力，有着较强的表现力。色彩效果包括生理、心理和物理三方面的效应，是一种效果显著、工艺简单和成本经济的装饰手段。

5）利用照明及自然光影在创造室内气氛中起烘托作用。

6）充分利用其他造型艺术手段，如图案、壁画、几何形体、线条等的艺术表现力。

7）构造施工上要简洁，经济合理，施工方便。

（2）室内空间界面设计的要点

1）形状。形状可以从两个方面来理解：一方面是由各界面和配套设施围合而成的空间形状；另一方面指各界面和配套设施自身表现出来的凹凸和起伏。不同空间形状和不同界面及配套设施的形状变化对空间环境会产生重大影响。

形状是由面构成，面是由线构成的。室内空间界面和配套设施中的线，主要是指分割线和由于表面凹凸变化而产生的线。这些线可以体现装饰的静态或动态，可以调整空间感，也可以反映装饰的精美程度。

室内空间界面和配套设施的面是由各界面和配套设施造型的轮廓线和分割线构成的，不同形状的面会给人以不同的联想和感受。例如，棱角尖锐形的面，给人以强烈、刺激的感觉（图1-3-52）；圆滑形的面，给人以柔和活泼的感觉（图1-3-53）；梯形的面给人以坚固和质朴的感觉；正圆形的面中心明确，具有向心力和离心力等。正圆形和正方形属于中性形状，因此，设计者在创造具有个性的空间环境时，常常采用非中性的自由形状（图1-3-54、图1-3-55）。

图1-3-52　棱角尖锐的界面设计

图1-3-53　圆滑形的界面设计

图1-3-54　装饰精美、富有动感的界面设计

图1-3-55　自由形状空间界面

2）图案。

① 图案的作用：图案可以利用人们的视觉来改善界面或配套设施的比例；图案还可以使空间富有静感或动感。如纵横交错的直线组成的网格图案，会使空间具有稳定感；斜线、折线、波浪线和其他方向性较强的图案，则会使空间富有运动感；图案还能使空间环境具有某种气氛和情趣（图1-3-56、图1-3-57）。

② 图案的选择：在选择图案时，应充分考虑空间的大小、形状、用途和性格；同一空间在选择图案时，宜少不宜多，通常不超过两个图案。

3）质感。在选择材料的质感时，应把握好以下几点：

① 要使材料性格与空间性格相吻合。室内空间的性格决定了空间气氛，空间气氛的构成则与材料性格紧密相关。例如，娱乐休闲空间易采用明亮、华丽、光滑的玻璃和金属等材料，会给人以豪华、优雅、舒适的感觉。

图 1-3-56　富有运动感的界面图案设计　　　　　图 1-3-57　某酒店界面图案设计

② 要充分展示材料自身的内在美。天然材料巧夺天工，自身具备许多无法模仿的美的要素，如图案、色彩、纹理等，因而在选用这些材料时，应注意识别和运用，应充分体现其个性美，如石材中的花岗岩、大理石；木材中的水曲柳、柚木、红木等，都具有天然的纹理和色彩。

③ 要注意材料质感与距离、面积的关系。同种材料，当距离近或面积大小不同时，它给人们的感觉往往是不同的。表面光洁度好的材质距离越近感受越强，距离越远感受越弱。例如，光亮的金属材料，用于面积较小的地方，尤其在作为镶边材料时，显得光彩夺目，但当大面积应用时，就容易给人以凹凸不平的感觉；毛石墙面近观很粗糙，远看则显得较平滑。因此，在设计中，应充分把握这些特点，并在大小尺度不同的空间中巧妙地运用。

④ 注意与使用要求相统一。对不同要求的使用空间，必须采用与之相适应的材料。对同一空间的墙面、地面和顶棚，也应根据耐磨性、耐污性、光照柔和程度以及防静电等方面的不同要求而选用合适的材料。

另外，还要注意材料的经济性。选用材料应以低价高效为目标。

4. 室内空间界面装饰材料的选用

（1）选用界面材料时考虑的因素

1）适应室内使用空间的功能性质。用于不同的建筑功能性质的室内空间，需选用不同的界面装饰材料来烘托室内的环境气氛，例如，休闲、娱乐空间的热闹、欢快气氛，办公空间的宁静、严肃气氛，与所选材料的肌理、光泽、色彩等密切相关。

2）适合装饰设计的相应部位。不同的建筑部位，相应的对材料的物理性质、化学性质、观感等的要求也各不相同。例如，踢脚部位，由于需要考虑地面清洁工具、家具、器物碰撞时的牢固程度和清洁的方便，因此，通常选用有一定强度、硬质、易于清洁的装饰材料，如木材、石材等。

3）符合更新、时尚的发展需要。由于现代室内设计具有动态发展的特点，设计装修后的室内环境，通常并非是一劳永逸的，而是需要更新，讲究时尚。原有的装饰材料需要由无污染，质地和性能更好的、更为新颖美观的装饰材料来取代。材料的选用还应做到精心设计、巧于用材、优材精用、一般材质新用。

4）便于安装、施工。界面装饰材料的选用，还需要考虑安装、施工的方便。

（2）室内界面装饰材料及感受　室内装饰材料的质地，根据其特性大致可以分为：天然材料与人工材料；硬质材料与柔软材料；精致材料与粗犷材料。天然材料中的木、竹、藤、麻、棉等材料常给人们以亲切感，室内采用显示纹理的木材、藤竹家具、草编铺地，以及粗略加工的墙体面材，粗犷自然，富有野趣，使人有回归自然的感受。不同质地和表面加工的界面材料，给人们不同的感受。

现代社会，回归自然是室内装饰的发展趋势之一，因此室内界面装饰常适量地选用天然材料。即使是现代风格的室内装饰，也常选配一定量的天然材料，因为天然材料具有优美的纹理和材质，它们给人们易于沟通的感受。常用的木材、石材等天然材质的性能和品种如下：

1）木材：具有质轻、强度高、韧性好、热工性能佳且手感、触感好等特点。纹理和色泽优美，便于加工、连接和安装，但需注意应予防火和防蛀处理，表面的油漆或涂料应选用不致散发有害气体的涂层。

常用的木材有杉木、松木、胡桃木、影木、柳桉、水曲柳、桦木、枫木、橡木、山毛榉木、柚木。此外还有雀眼木、桃花心木、樱桃木、花梨木等，纹理具有材质特色，常以薄片或夹板形式作小面积镶拼装饰面材。

2）石材：浑实厚重，压强高，耐久，耐磨性能好，纹理和色泽极为美观，且各品种的特色鲜明，其表面根据装饰效果需要，可作凿毛、烧毛、亚光、磨光镜面等多种处理，运用现代加工工艺，可使石材成为具有单向或双向曲面，饰以花色线脚等的异形材质。天然石材作装饰用材时宜注意材料的色差，如施工工艺不当，湿作业时常留有明显的水渍或色斑，影响美观。

常用的石材有花岗岩和大理石。花色品种繁多。

5. 底界面的装修

底界面在人们的视域范围中是非常重要的，楼地面和人接触较多，视距又近，而且处于动态变化中，是室内设计的重要因素之一。

（1）室内装饰设计中底界面的装修要满足以下几个原则

1）基面要和整体环境协调一致，取长补短，衬托气氛。从室内设计空间的总体环境效果来看，基面要和顶棚、墙面装饰相协调配合，同时要和室内家具、陈设等起到相互衬托的作用。

2）注意地面图案的分划、色彩和质地特征。室内装饰设计地面图案大致可分为三种情况：第一种是强调图案本身的独立完整性；第二种是强调图案的连续性和韵律感，具有一定的导向性和规律性，多用于门厅、走道及常用的空间；第三种是强调图案的抽象性，自由多变，自如活泼，常用于不规则或布局自由的空间。

3）满足楼地面结构、施工及物理性能的需要。室内装饰设计基面时要注意楼地面的结构情况，在保证安全的前提下，给予构造、施工上的方便，不能只是片面追求室内装饰设计图案效果，同时要考虑如防潮、防水、保温、隔热等物理性能的需要。

（2）底界面的设计形式 楼地面的材料质地丰富，形式各种各样，效果各异。室内装饰设计图案式样繁多，色彩丰富，设计时要同整个空间环境相一致，相辅相成，以达到良好的效果。

1）木质地面：这种地面色彩、纹理自然，可以拼接成各种图案，接触感良好，富有弹性和亲切感，保暖、隔声效果良好，常用于卧室、舞厅、训练馆等室内（图1-3-58）。

2）石材地面：大理石、花岗岩等块材，根据要求划分石块的形体进行敷设（图1-3-59）。这种地面耐磨、易清洁，常给人富丽豪华的感受，公共空间的门厅、会议室等空间常用。

图1-3-58　木质地面　　　　　　　　　　　图1-3-59　大理石地面

3）塑胶地面：塑胶地面柔韧，纹理、图案可选性强，有一定的弹性和隔热性（图1-3-60）。其价格经济，便于更换，常用于一般性居民用房和办公、商业用房。

4）地砖地面：特点是质地光洁，便于清洗（图1-3-61）。

图1-3-60　塑胶地面　　　　　　　　　　　图1-3-61　质地光洁的地砖地面

此外，还有地毯地面（图1-3-62）、毛石地面（图1-3-63）、艺术玻璃地面（图1-3-64、图1-3-65）、电子机房的夹层地板等。

6. 侧界面的装修

侧界面也称垂直界面，有开敞的和封闭的两大类。前者指列柱、幕墙、有门窗洞口的墙体和各种各样的隔断，后者主要指实墙，包括承重墙及到顶的非承重隔墙。室内视觉范围中，墙面和人的视线垂直，处于最为明显的地位，同时墙体是人们经常接触的部位，所以侧界面的装饰对于室内装饰设计具有十分重要的意义。

（1）侧界面设计原则

1）整体性。进行墙面装饰时，要充分考虑与室内其他部位的统一，要使墙面和整个室内装饰设计空间成为统一的整体。

图 1-3-62 地毯地面

图 1-3-63 某会所毛石、石板地面

图 1-3-64 某专卖店玻璃木纹地面

图 1-3-65 某展览馆艺术玻璃地面

2）物理性。墙面在室内装饰设计空间中面积较大，地位较主要，要求也较高，对于室内空间的隔声、保暖、防火等的要求因其使用空间的性质不同而有所差异。

3）艺术性。在室内装饰设计空间里，墙面的装饰效果，对渲染美化室内环境起着非常重要的作用，墙面的形状、分划图案、质感和室内气氛有着密切的关系，为创造室内装饰设计空间的艺术效果，墙面本身的艺术性不可忽视。

（2）侧界面设计形式 侧界面装饰形式的选择要根据上述原则而定，形式大致有以下几种：抹灰装饰、贴面装饰、涂刷装饰、卷材装饰等。随着现代工业的发展，可用来进行室内装饰墙面的卷材越来越多，如墙纸、墙布、玻璃纤维布、人造革、皮革等，这些材料的特点是使用面广、灵活自由、色彩品种繁多、质感良好、施工方便、价格适中、装饰效果丰富多彩，是室内装饰设计中大量采用的材料。常见侧界面设计形式与做法如图 1-3-66 ~ 图 1-3-77 所示。

图 1-3-66　玻璃装饰墙面

图 1-3-67　墙纸装饰墙面

图 1-3-68　成都某茶楼清水砖墙墙面

图 1-3-69　墙布裱糊墙面

图 1-3-70　某展览馆涂刷装饰墙面

图 1-3-71　某卫生间前室艺术马赛克墙面

7. 顶界面的装修

顶界面是室内装饰设计的重要组成部分，也是室内空间装饰设计中最富有变化、引人注目的界面，其透视感较强，通过不同的处理，配以灯具造型能增强空间感染力，使顶面造型丰富多彩，新颖美观。

图 1-3-72 木装饰墙面

图 1-3-73 毛石装饰墙面

图 1-3-74 防火板装饰墙面

图 1-3-75 软包艺术造型墙面

图 1-3-76 某会议室铝板装饰墙面

图 1-3-77 国家大剧院石材装饰墙面

（1）顶界面设计原则

1）要注重整体环境效果。顶棚、墙面、基面共同组成室内空间，共同创造室内环境效果，设计中要注意三者的协调和统一，在统一的基础上各具自身的特色。

2）应满足适用美观的要求。一般来讲，室内空间效果应是下重上轻，所以力求顶界面装饰简洁完整，突出重点，同时造型要具有轻快感和艺术感。

3）应保证顶界面结构的合理性和安全性。顶界面的装修不能单纯追求造型而忽视安全。应保证顶界面结构的合理性和安全性，确保使用的安全，避免意外事故的发生。

（2）顶界面设计形式

1）平整式顶棚（图1-3-78、图1-3-79）。这种顶棚表面平整，造型简洁，构造简单，外观朴素大方，装饰便利，适用于教室、办公室、展览厅等，它的艺术感染力来自顶界面的形状、质地、图案及灯具的有机配置。

图1-3-78　某泳池休息厅的平整式涂料顶棚　　　　　　图1-3-79　某住宅平整式顶棚

2）凹凸式顶棚（图1-3-80、图1-3-81）。这种顶棚表面不是平整一片，而是有凹凸变化的，有单层也有多层，这种形式通常称为"立体天棚"。造型华美富丽，立体感强，适用于舞厅、餐厅、门厅等，要注意各凹凸层的主次关系和高差关系，不宜变化过多，要强调自身节奏韵律感以及整体空间的艺术性。

图1-3-80　某游泳池通过吊顶的变化展现空间的流动感　　　图1-3-81　某餐厅顶棚设计

3）悬吊式顶棚（图1-3-82）。在屋顶承重结构下面悬挂各种折板、平板或其他形式的吊顶，这种顶往往是为了满足声学、照明等方面的要求或为了追求某些特殊的装饰效果，常用于体育馆、电影院等。近年来，在餐厅、茶座、商店等建筑中也常用这种形式的顶棚，使人产生特殊的美感和情趣。

4）井格式顶棚（图1-3-83）。井格式顶棚是结合结构梁形式，主次梁交错以及井字梁的关系，配以灯具和石膏花饰图案的一种顶棚，顶棚的外观生动美观，朴实大方，节奏感强。甚至能表现出特定的气氛和主题。

图 1-3-82　某销售中心富有情趣的吊顶设计

图 1-3-83　某客厅井格式顶棚

5）玻璃顶棚。现代大型公共建筑的门厅、中厅等常用这种形式，主要解决大空间采光及室内绿化需要，使室内环境更富于自然情趣，为大空间增加活力。其形式一般有圆顶形、锥形和折线形（图 1-3-84）。

6）发光顶棚。在有高差的灯井处做成隔栅或灯箱形成发光顶棚。常见做法是以龙骨和玻璃组成饰面，顶棚内藏照明灯管，透过玻璃形成均匀照明。一般玻璃常做成较大面积，故形成发光顶棚（图 1-3-85）。玻璃一般采用磨砂玻璃、纹理玻璃、彩色玻璃和彩绘玻璃等。顶棚放玻璃应注意安全，且玻璃要能够开启，以方便清洗和维修灯具。

图 1-3-84　某酒店大堂玻璃顶棚

图 1-3-85　某酒店发光顶棚

7）分层式顶棚。也称叠落式，特点是整个天花有几个不同的层次，形成层层叠落的态势，可以中间高，周围向下叠落，也可以周围高，中间向下叠落，叠落的级数可为一级、二级或更多，高差处往往设槽口，并采用槽口照明（图 1-3-86）。

8）格栅式顶棚。格栅式是有规律的格栅片均匀分布的吊顶形式。

这种顶棚由藻井式顶棚演变而成，表面开敞，具有既遮又透的效果，有一定的韵律感，减少了压抑感，又称格栅吊顶。由于上部空间是敞开的，设备及管道均可看见，所以要采用灯光反射和将设备管道刷暗色进行处理。

格栅片可组成井字格或线条形式，这种吊顶形式材料单一，施工方便，造价便宜，造型较为流畅，韵律感较强。格栅片一般用轻钢、铝合金等材料加工而成。也有些格栅片是由施工单位现场木作而成的（图 1-3-87）。

图 1-3-86　某酒店分层式顶棚

a）

b）

图 1-3-87　格栅式顶棚

a）某咖啡屋铝格栅顶棚　b）北京市规划展览馆井字格顶棚

9）暴露结构式顶棚。一般是指在原土建结构顶棚的基础上，加以修饰而得到的顶棚形式，不做吊顶或极少做吊顶。中国古建筑木构架大都采用暴露结构式，合理的结构性与彩画构成了独具风格的木结构建筑体系；大跨度结构体系的空间中，常采用这种形式的顶棚，如体育建筑等。另外，有些顶棚的处理，暴露顶棚中的多种管道和管线，不考虑掩盖这些设备，让人享受到工业时代的多种审美情趣，这一类顶棚常见于大型仓促式购物中心与餐饮、酒吧等场所（图 1-3-88）。

图 1-3-88　某实训中心暴露结构式顶棚

1.3.3　室内空间家具设计与布置

家具是人类维持日常生活，从事生产实践和开展社会活动必不可少的物质器具。家具的历史可以说同人类的历史一样悠久，它随着社会的进步而不断发展，反映了不同时代人类的生活和生产力水平，融科学、技术、材料、文化和艺术于一体。家具除了是一种具有实用功能的物品外，更是一种具有丰富文化形态的艺术品。

1. 家具文化的特征

家具是一种丰富的信息载体与文化形态，家具文化作为一种物质生产活动，其品类数量必然繁多，风格各异，而且随着社会的发展，这种风格变化和更新浪潮还将更加迅速和频繁，因而家具文化在发展过程中必然地，或多或少地反映出如下特征。

（1）地域性特征　不同地域地貌，不同的自然资源，不同的气候条件，必然产生人的性格差异，并形成不同的家具特性。就我国南、北方的差异而言，北方山雄地阔，北方人质朴粗犷，家具则相应表现为大尺度，重实体，端庄稳定。南方山青水秀，南方人文静细腻，家具造型则表现为精致柔和，奇巧多变。家具造型过去有"南方的腿北方的帽"之说法，也就是说北方的柜讲究大帽盖，多显沉重，而南方的家具则追求脚型的变化，多显秀雅。在家具色彩方面，北方喜欢深沉凝重，南方则更喜欢淡雅清新。

（2）时代性特征　和整个人类文化的发展过程一样，家具的发展也有其阶段性，即不同历史时期的家具风格显现出家具文化不同的时代特征。远古、中世纪、文艺复兴时期、浪漫主义时期、现代和后现代均表现出各自不同的风格与个性。

在农业社会，家具表现为手工制作，因而家具的风格主要是古典式，或精雕细琢，或简洁质朴，均留下了明显的手工痕迹。在工业社会，家具的生产方式为工业批量生产，产品的风格则表现为现代式，造型简洁平直，几乎没有特别的装饰，主要追求一种机械美、技术美。在当代信息社会，在经济发达国家，家具又否定了现代功能主义的设计原则，转而注重文脉和文化语义，因而家具风格呈现了多元的发展趋势，既要现代化，要反映当代人的生活方式，反映当代的技术、材料和经济特点，又要在家具艺术语言上与地域、民族、传统、历史等方面进行同构与兼容。从共性走向个性，从单一走向多样，家具与室内陈设均表现出强烈的个人色彩，正是当前家具的时代性特征。

2. 家具在室内设计中的作用

（1）组织空间　在室内空间中，人们从事的工作、生活方式是多样的，由于不同的家具组合，可以组成不同的空间。如沙发、茶几，有时加上灯饰，组合声像、电器、装饰柜组成起居、娱乐、会客、休闲的空间；餐桌、餐椅、酒柜组成餐饮空间；整体化、标准化的现代厨房组合成备餐、烹调空间；电脑工作台、书桌、书柜、书架组合成书房、家庭工作室空间；会议桌、会议椅组成会议空间；床、床头柜、大衣柜可以组成卧室空间。随着信息时代的到来，智能化建筑的出现，现代家具设计师对不同建筑空间概念的研究将是不断创造新的家具新的设计时空（图1-3-89）。

图1-3-89　不同家具有序组织各空间

（2）分隔空间 在现代建筑中，由于框架结构的建筑越来越普及，内部空间越来越大、越来越通透，无论是现代的大空间办公室，还是家庭居住空间，墙的空间隔断作用越来越多地被隔断家具所替代，既满足了使用的功能，又增加了使用的面积。如整面墙的大衣柜、书架，或各种通透的隔断与屏风，大空间办公室现代办公家具的组合与护围，组成互不干扰又互相连通且具有很多功能的办公单元。家具分隔空间，大大提高了室内空间使用的灵活性和利用率，同时丰富了建筑室内空间的造型（图1-3-90）。

图1-3-90 家具分隔空间

（3）营造空间气氛 家具是一种文化内涵的产品，不同时期的家具，反映出不同时期的社会文化背景及民族特色。不同的室内空间也因为家具风格的不同，而对人产生不同的心理感受。人利用家具在室内所创造的空间形态，融入使用者的性格与意识，从而赋予家具作品以生命价值。

室内环境和氛围的形成单靠室内设计是无法完全达到的，有时就需要家具来营造气氛和协调空间。有什么样的室内设计风格，就需有与之风格相匹配的家具。家具的选择与人们的年龄、职业、文化素养等有关。老年人、年轻人、儿童喜欢的家具都是不同的风格。欧式的室内设计风格，配以欧式的家具，则更显主人的品位和审美观，简单的室内设计风格，配以简洁家具则形成大方、时尚的风格（图1-3-91）。

（4）装饰空间 家具除了要满足使用功能外，还要满足人心理上的需求。人们在家具的使用过程中会得到一种心理上的满足。即满足视觉上的审美要求。家具形式上的美感、宜人的色彩都会给人们带来视觉亮点。室内设计要先考虑到房间的功能、风格、家具的使用便利和视觉上的美感等。这就要求我们在选用家具时应充分考虑其实用功能和装饰性（图1-3-92）。

图1-3-91 造型简洁的家具营造出现代派空间氛围

图 1-3-92 实用性和装饰性兼备的卖场家具

3. 家具的演化

（1）中国传统家具 我国传统家具的发展大致可分为三个时期，即自商周、春秋到三国时期以席地跪坐为主的低矮型家具；自两晋至隋唐，由席地而坐向垂足而坐演变的过渡时期的家具；自宋代以后垂足而坐完全替代席地而坐后的高座型家具。

到了明代，我国家具的发展进入历史高峰期，无论是从当时的制作工艺还是艺术造诣来看，明代家具都达到了登峰造极的水平，甚至对西方家具的发展亦产生了重大影响，在世界艺术史上占有重要地位。"明式家具"的主要特点是精于选材，既注意材料的力学性能又充分利用和表现材料的自然色泽纹理，结构轻巧。采用框架式结构，符合力学原理，造型简洁，线条舒展，体型稳重，比例适度，除一些辅助结构外，不加过多的装饰。明代家具把使用功能和装饰功能很好地结合在一起。我国著名的明式家具学者王世襄先生曾经用 32 个字对明式家具的艺术特征作了全面的概括，即"简练、淳朴、厚拙、凝重、雄伟、圆浑、沉穆、秾华、文绮、妍秀、劲挺、柔婉、空灵、玲珑、典雅、清新"，这也就是为世人所称道的明式家具"十六品"（图 1-3-93）。

到了清代中晚期，由于受各种工艺美术手法影响，加之宫廷统治者的欣赏趣味，家具风格走向烦琐。家具上做了许多装饰，观赏性多于功能性，过分讲究豪华、气派，追求诗情画意的东方情趣（图 1-3-94）。

中国传统家具多数是硬木制作的，主要有紫檀木、花梨木、铁梨木、红木、楠木等，质

a）　　　　　　　　　　　　　　b）

图 1-3-93　明式家具

a）黄花梨官帽椅　b）黄花梨圈椅

a）　　　　　　　　　　　　　　b）

图 1-3-94　清式家具

a）清式紫檀宝座　b）清式屏风

地坚实致密、木性稳定、变化小，所以将凿制精确且复杂的榫卯做成实用、美观的造型，想方设法精雕细琢。

（2）西方传统家具　国外家具的发展也经历了很长的发展过程。从艺术风格上看，单是在欧洲就出现过罗马式、哥特式、文艺复兴式、巴洛克式、洛可可式等各种风格。

1）罗马式家具（图 1-3-95）。其是罗马建筑风格的再现，兴起于 11 世纪，并传播到英、法、德和西班牙等国，为 11～13 世纪的西欧所流行。

仿罗马家具的主要特征是在造型和装饰上模仿古罗马建筑的拱券和檐帽等式样，最突出的还有旋木技术的应用，有了全部用旋木制作的扶手椅。用精美技艺加工，用铜锻制和表面镀金的金属装饰件对家具既起加固作用，同时又是很好的装饰。

2）哥特式家具。12 世纪后半叶，哥特式建筑（Gothic Architecture）在西欧以法国为中心兴起，扩展到欧洲各国，到 15 世纪末达到鼎盛时期。这一时期是欧洲神学体系成熟的阶段，哥特式的教堂使宗教建筑的发展达到了前所未有的高度，最典型的代表有法国的巴黎圣母院、英国的坎特伯雷大教堂、西班牙的巴塞罗那教堂和德国的科隆大教堂。高耸的尖拱、

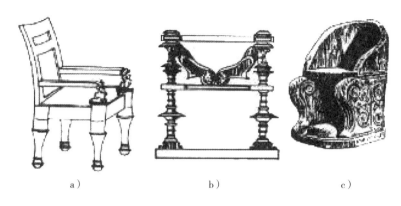

a)　　　　　　　　b)　　　　　　　　c)

图 1-3-95　罗马式家具

三叶草饰和多彩的玫瑰玻璃窗、成群的簇柱、层次丰富的浮雕，把人们的目光引向虚幻的天空和对天堂的憧憬中。

　　受到哥特式建筑的影响，哥特式家具同样采用尖顶、尖拱、细柱、垂饰罩、浅雕或透雕的镶板装饰，以刚直、挺拔的外形与建筑形象相呼应，尤其是哥特式椅子更是与整个教堂建筑和室内装饰风格相一致（图 1-3-96）。

　　3）文艺复兴式家具。文艺复兴是指公元 14～16 世纪，以意大利佛罗伦萨、罗马、威尼斯等城市为中心，以工匠、建筑

图 1-3-96　哥特式家具

师、艺术家为代表，以人文主义和新文化思想为主流，以古希腊、古罗马的文化艺术思想为武器的一场反封建、反宗教神学的"文艺复兴"运动。

　　文艺复兴后期的家具装饰最大特点是灰泥石膏浮雕装饰，做工精细，常在浮雕上加以贴金和彩绘处理。文艺复兴时期家具的主要成就是结构与造型的改进与建筑、雕刻装饰艺术的结合（图 1-3-97）。

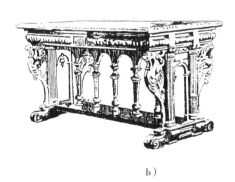

a)　　　　　　　　　　　　　b)

图 1-3-97　文艺复兴时期的家具

4）巴洛克式家具。17世纪中叶，巴洛克式家具在法国开始，其最大特色是将富于表现力的装饰细部相对集中，简化不必要的部分而强调整体结构，在家具的总体造型和装饰风格上与巴洛克式建筑、室内的陈设、墙壁、门窗严格统一，创造了一种建筑与家具和谐一致的总体效果。巴洛克式家具的线条具有强烈的流动感，椅子线条弯曲多变，常采用猫脚形椅腿和花瓶式椅背，有些高贵家具表面全部镀金，有的镶嵌象牙以示名贵，风格华贵、富丽。巴洛克式家具主要流行于法国和英国，造型以线为主，雕饰较多（图1-3-98）。

图1-3-98　巴洛克式家具

5）洛可可式家具（图1-3-99）。18世纪20年代，洛可可风格在法国兴起。细腻柔媚的洛可可式家具宛如中国的明式家具，以流畅的线条和唯美的造型著称。相比路易十四时期雄浑的巴洛克风格而言，洛可可风格更加带有女性的柔美。洛可可风格最显著的特征就是，以均衡代替对称，追求纤巧与华丽、优美与舒适，并以贝壳、花卉、动物形象作为主要装饰语言，在家具造型上优美的自由曲线和精细的浮雕与圆雕共同构成一种温婉秀丽的女性化装饰风格，与巴洛克的方正宏伟形成一种风格上的反差和对比。

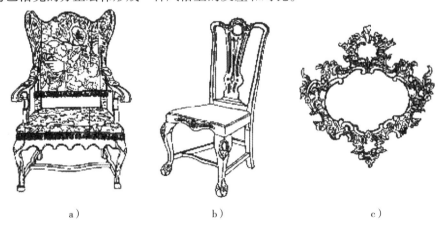

图1-3-99　西班牙洛可可式家具

洛可可风格反映了法国路易十五时代宫廷贵族的生活趣味,曾风靡欧洲。洛可可风格发展到后期,其形式特征走向极端,最终以曲线的过度扭曲及比例失调的纹样装饰趋向没落。

6)新古典风格家具。风靡于17世纪至18世纪的巴洛克风格和洛可可风格,发展至后期,其家具的装饰形式已完全脱离于结构理性而走向怪诞、荒谬的地步,在某种意义上也反映了封建统治者生活的奢侈、腐化。18世纪,法国的启蒙主义思想出现了,同时又爆发了法国资产阶级大革命,欧洲大陆烽烟四起,最终以资产阶级的胜利给欧洲封建制度画上了句号。人类从迷信、无知的封建黑暗时代进入科学、民主、理性的光明时代。因而,在艺术上也需要简洁、明快的风格,新古典风格的建筑、室内装饰、家具成为一代新潮。

(3)现代家具 现代家具兴起于19世纪20年代,19世纪末兴起的美术工艺运动对现代家具的发展起了促进作用。包豪斯学派在教学中强调形式服从功能,主张与机器制造相结合;强调各艺术部门之间的交流与渗透;强调通过手工能力认识设计过程;强调表现材料本身的结构性能和美学性能,在工艺美术和建筑设计方面形成了一种新风格。此间诞生了许多传世经典之作:如里特维尔德1918年设计的红、黄、蓝三色的椅"红蓝椅"(图1-3-100),密斯在1929年设计的"巴塞罗那椅"(图1-3-101)等。

图1-3-100 "红蓝椅" 图1-3-101 "巴塞罗那椅"

在此我们重点看一看西方现代家具设计的佼佼者:意大利家具和北欧家具,它们在现代家具发展历程中都占有极高的地位,并且分别都形成了一套完整的家具设计制造体系。

1)意大利家具设计——"时尚潮流"。第二次世界大战以后,迅速崛起与腾飞的意大利设计学派以艺术与科技、传统与现代的完美结合引领着全球的设计时尚与潮流。意大利家具设计在20世纪50年代崛起,从60年代起,意大利开始成为了世界的设计中心,"意大利线条"已经成为了设计的典范;到70年代,意大利家具设计便遥遥领先;著名设计大师索特萨斯领导的"激进设计"在跨入80年代后,更是震惊了世界设计界。而第四、第五代意大利设计师同样将意大利的设计统治地位一直延续到21世纪。意大利家具设计之所以如此成功,是因为其有着独特的设计体系;尊重传统,接受现代,恰当地处理传统和现代的关系,斡旋在过去和未来之间的设计理念;强烈的设计明星崇拜;家具品牌公司的推动作用以及地处工业腹地的米兰——世界设计的"首府"的地利优势(图1-3-102~图1-3-104)。

2)北欧家具设计——"家的感觉"。纯粹、洗练、朴实的北欧现代设计,其基本精神就是:讲求功能性,设计以人为本。北欧现代设计,起步于20世纪初期,形成于第二次世界大战期间,一直发展到今天,是世界上颇具影响力的设计风格流派之一。北欧家具设计,从外观造型到色彩、选材等诸多方面都富于浓郁的"人情味",给人一种"家的感觉",从而长期以来受到世界各地人们的"倾心拥护"(图1-3-105)。

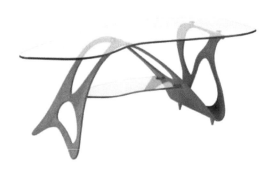

图 1-3-102　桌子

（设计师：卡尔洛·莫利诺　1949）

图 1-3-103　扶手椅

（设计师：巴乌罗·德加内罗　1973）

图 1-3-104　米兰家具

图 1-3-105　北欧风情椅

3）现代家具的基本特性。

实用性：注重使用功能，适用和便于工业化生产为主。

科学性：以人体工程学为依据来确定家具的尺寸，力求舒适。

艺术性：造型自然、简单、大方，注意纹理、色彩和材质的自然美，追求家具造型的整体艺术效果。

灵活性：设计走向多样化、单元化，可灵活自由组合，装拆方便，节省空间。

时代性：用材的多样化，钢、木材、塑料、玻璃、海绵等材料的综合利用使家具更富有时代气息。

（4）面向未来的多元家具时代　20 世纪 70 年代后，西方发达国家开始进入后工业社会，现代设计的特征开始走向多元化，自 20 世纪 60 年代中期，国际上兴起了一系列的新艺术潮流，如"波普艺术"、"欧普艺术"、高技派、高情感派及后现代主义等，形形色色的设计风格和流派此起彼伏，令人目不暇接，这些因素都促进了设计的多元化，使其达到空前的繁荣（图 1-3-106）。

4. 家具的分类

（1）按使用功能分类

1）橱柜类家具。储藏用家具，如衣柜、碗柜、书橱、多用柜等。

2）坐卧类家具。供坐卧用的家具，如床、沙发、沙发两用床、躺椅、沙发凳、安乐椅等。

3）桌台类家具。供工作生活的家具，如写字台、餐桌、餐具台、梳妆台等。

图 1-3-106　信息时代办公家具

（2）按制作材料分类

1）木制家具（图 1-3-107）。木制家具指用原木或木质人造板材料制成的家具。木制家具的特点是取材方便，易于加工制作，纹理清晰、自然，强度较大，造型丰富，手感舒适。常用的木料有榆木、椴木、水曲柳、松木、杉木、香樟木等。高级家具可用红木、楠木、紫檀和花梨等。

2）藤、竹制家具（图 1-3-108）。藤、竹制家具是指采用大自然中的藤、竹材料，经干燥、防腐、漂白加工后编制成的家具。藤、竹材料富有弹性，表皮光滑，色泽素雅，易于弯曲和编织成形，具有浓郁的乡土气息。

图 1-3-107　木制办公家具

图 1-3-108　藤制家具

3）金属骨架家具（图 1-3-109）。金属骨架家具是指用金属杆件作为家具的支架，与木材、大理石、塑料、玻璃、革面及织物等组合而成的家具，这种家具能充分利用各种材料的性能，造型柔和灵巧，富有现代气息。

4）塑料家具。以对人无害的塑料经注塑、压制而成，色彩丰富、光洁轻巧、强度高而且耐水，所以多用于露天餐饮、游憩等场所。

图 1-3-109　金属骨架家具

5）布艺、皮革等软垫家具（图1-3-110）。布艺、皮革等软垫家具是指用骨架、弹簧、垫层、海绵、面层等多种材料组合而成的家具，面层的材料选择可用布料、皮料等。其主要是指带有软垫的床和沙发，富有弹性和柔和感。

6）玻璃家具（图1-3-111）。玻璃是一种晶莹剔透的人造材料，具有平滑、光洁、透明的独特材质美感，现代家具的一个流行趋势就是把木材、铝合金、不锈钢与玻璃相结合，极大地增强了家具的装饰观赏价值，现代家具正在走向多种材质的组合，在这方面，玻璃在家具中的使用起了主导性作用。

图1-3-110　布艺北欧风情椅

图1-3-111　现代玻璃茶几

由于玻璃现代加工技术的提高，雕刻玻璃、磨砂玻璃、彩绘玻璃、车边玻璃、镶嵌玻璃、夹胶玻璃、冰花玻璃、热弯玻璃、镀膜玻璃等各具不同装饰效果的玻璃大量应用于现代家具，尤其是在陈列、展示性家具，以及承重不大的餐桌、茶几等家具上玻璃更是成为主要的用材，玻璃由于透明的特性，更是在家具与灯光照明效果的烘托下起了虚实相生、交映生辉的装饰作用。

（3）按结构形式分类

1）板式家具。板式家具是用各种不同规格的板材，借助胶粘剂或金属连接件组合而成的家具，板材可用原木或各种人造板。板式家具外观简洁大方，造型新颖美观，便于工业化生产，应用很广。

2）框式家具。以框架作为家具的受力体系，再覆以各种面板，并根据连接部位的结构和材料的不同而选用榫接、铆接、胶接等连接方式组合而成，结实耐用。

3）折叠式家具（图1-3-112）。其特点是需要时打开，不用时折叠起来，节省空间，轻巧，移动、存放方便。常见的折叠家具有床、桌、椅等。

4）充气式家具（图1-3-113）。家具的主体是一个气囊，可做成一定的形体，可以通过调节阀来调整到最理想的座位状态，新颖别致、成本低、质量轻、携带方便。常见于各种旅游用具，轻便躺椅等。

5）注塑家具。采用硬质或发泡塑料为原料，用模具浇注成型而成。成本低，易于清洁和管理，在餐厅、车站、机场中得到广泛应用。

（4）按家具组成分类

1）单体家具。作为一个独立的工艺品来生产，各单体家具之间没有必然的联系，用户可凭需要和喜好单独选购。各家具之间在形式和尺度上不易配套和统一，不利于工业化大批量生产。

图 1-3-112 折叠椅

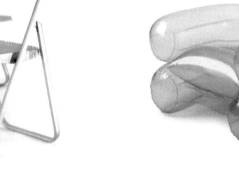

图 1-3-113 充气椅

2）配套家具。将家具在室内空间布置和使用的总体效果上配套，使各系列的家具在造型上具有一定的共性，在材料、样式、尺度、色彩、装饰等方面上统一设计，以期取得和谐的效果。

3）组合家具。由小型的，用途相同或不同的单件家具组合成一个整体。如组合柜、组合沙发等。组合家具的特点是组合形式多样，能满足多种功能需要，总体效果统一，便于运输，易于标准化和系列化。

5. 家具的选择与布置

（1）家具布置的目的　家具布置以方便、美观、舒适为目的。方便，是指为家庭的各种日常生活提供正常的条件；美观，是使室内设计的各个组成部分的比例、尺度、形状和色彩都协调一致；舒适，是使家庭的环境温暖、亲切和具有自己的特色。上述三点看来很简单，要做到却并不容易。例如，有的家庭用一套漂亮的、华贵的家具装饰客厅，虽然时髦，但这套家具却与家庭的日常生活没有多少关系。也有个别家庭，在居室里堆满了大量不必要的东西，当然包括家具。显然，这类家具布置往往不能达到方便、美观、舒适的目的，乃至使方便变成冷漠的合理主义，美观变成摆阔气，舒适变成庸俗的只求外表华丽的粉饰主义。

（2）家具布置的原则　家具设计、选择与布置是决定合理使用空间的室内装饰工程之一，通过家具的合理布置，能较好地组织空间，有效地改善室内环境，取得美观和舒适的装饰效果。家具的主要配置原则有：

1）考虑室内整体环境效果。在室内环境中，任何单件家具要和室内其他家具相协调，因而不是孤立的；同时，组群家具也应与空间环境相协调，从而组成一个和谐的整体。

2）考虑家具布置格局。在构思室内家其布置时，要决定布置格局。例如，采用庄重、规则的格局或轻松、活动的不规则格局都要根据室内空间的性质、大小而定，从而使之疏密有序、主次分明，使家具布置、家具造型、家具色彩与室内环境协调和谐。

3）考虑满足使用要求。实用是家具的主要价值，所以只有满足使用要求才能体现出家具的实用性。实用，就是要在室内空间位置得当的前提下，保证居住者能够方便地使用家具。因此，家具要符合家庭实际需要和家庭的具体生活条件。

4）正确处理家具款式、数量与室内空间的关系。家具款式、数量应根据室内空间的性质、用途进行选择。因此，在满足使用要求的前提下，家具应少而精，宁少勿多，给室内留下一定的活动空间。

（3）家具的布置方法　在布置家具时应充分认识不同的家具布置形式代表不同的含义，应根据不同的场合，采用不同的布置方式来适合不同人的心理需求。首先应结合空间的性质和特点确定家具的类型和数量，明确家具布置范围，根据家具的单一性和多样性使功能分区合理，动静分区分明，主次分明。再从布置格局和风格等方面考虑，使家具布置具有秩序性、韵律性和表现性。

1）按家具在空间中的布置位置可分为：

周边式：家具沿着室内四墙周边布置，中间留出较开阔的空间，突出室内中心空旷地带的重要性，利于组织交通和布置中心陈设。常见于歌舞厅、会客接待室等场所。

中心岛式：家具集中在室内中心部位，周边空旷，突出家具所承担的使用功能的重要性。常见于会议室、小型餐厅的餐桌等。

侧边式：将家具集中在一侧，多数是沿室内长边的一侧布置，另一侧作为交通面积。这在小型办公场所、展览厅、问询处、收银处等空间中较常见。

走道式：家具布置在室内两侧，走道在中间。常见于宾馆的客房等。

2）按家具的布置格局可分为：

对称式：常用于隆重、严肃的场合，以期获得庄重、静穆的效果。

不对称式：常用于轻松、非正规的场合，显得活泼、轻快、自由。

集中式：常用于室内面积较小、功能单一及家具种类不多的场合。

离散式：与集中式相反，常用于面积较大、功能多样及家具种类较多的场合。

1.3.4　室内空间的陈设艺术设计

室内陈设是指除室内顶面、墙面及地面以外的包括建筑构件（不起承重作用）在内的一切可供观赏的摆放物品。它包括的范围非常广，如建筑构件的装饰、艺术品、织物、植物等。陈设既独立又依赖于室内空间，陈设摆放的过程，就是陈设设计的具体体现。陈设艺术是指在室内设计的过程中，设计者根据环境特点、功能需求、审美要求、工艺特点等因素，精心设计出高舒适度、高艺术境界、高品位的理想环境的艺术。

1. 装饰陈设设计的目的和作用

室内陈设艺术设计是室内设计的重要组成部分，它浸透着社会文化、地方特色、民族气质、个人素养等精神内涵。陈设品的摆放和搭配强调科学性、技术性和艺术性的统一。它对空间形象的塑造、气氛的表达、环境的渲染起着锦上添花、画龙点睛的作用。

（1）陈设设计的目的　装饰陈设设计主要是用来装饰室内空间，烘托和加强环境气氛，满足人们的部分使用功能需求及精神需要。使用功能方面，以自然的和人为的生活要素为基本内容，使人生理获得健康、安全、舒适、便利为主要目的；精神需求方面，以精神品质及视觉传递方式的生活内涵为基本领域。必须充分发挥陈设品的艺术性和个性。

（2）室内陈设的作用

1）突出室内设计的主题。各种室内空间设计都特别注重空间意境的表现，即室内要表现一种什么样的情调，要给人什么样的体验和感受。而室内空间的意境则是要集中体现并突出某种思想和主题。与气氛相比较，意境不仅被人感受，还能引人联想，予人以启迪，是一种精神层面的享受。要达到这个目的，陈设的作用是不可低估的。因为陈设的形式、风格及格局内容的不同会创造出意境各异的室内环境气氛（图1-3-114）。

2）强化室内空间的风格　室内空间有多种不同的风格，如古典风格、现代风格、中式风格等。不同装饰陈设的内容和方法还具有表现风格的作用，如通过室内陈设品不同的形状、色彩、式样、材质及摆设来表现和强化各室内空间的风格。例如，中式风格的室内空间，陈设布置以对称为主，家具材质以木材居多，通过摆设传统的工艺品、书法、挂画、陶瓷器等物品，以此来突出中式风格的古朴。由此可见，陈设对于表现风格的重要（图1-3-115）。

图1-3-114　婚庆主题餐厅设计

图1-3-115　某茶楼中式风格室内陈设

3）调节空间环境色彩。随着现代科技的发展，钢筋混凝土、玻璃幕墙、石材、金属材料等，充斥着我们生活的环境，构成了冷硬、沉闷的空间。因此，通过绿色植物、柔软的织物、各异的生活器皿等陈设品，能使空间充满生机与活力（图1-3-116）。

4）体现空间的民族和地域特色。民族这一概念，一般指的是共同的地域环境、生活方式、语言、风俗习惯，以及心理素质的共同体。因此，各族人民都有本民族的精神、气质、素质和审美观等，如我们中华民族就具有自己鲜明的文化传统和艺术风格。同时，大地域环境中不同民族的心理特征与习惯、爱好等也有所差异。这些都是在室内设计中可通过陈设设计表现出来的（图1-3-117）。

图1-3-116　布满绿色植物的空间设计

图1-3-117　具有地域特色的长沙窑主题餐厅

5）反映个人审美趋向及爱好。室内空间使用者不同，使用者的文化修养、情趣爱好、职业、品位也会有所不同，选择的陈设品自然也有差异。通过室内陈设品可反映使用者的情趣。书法爱好者家中文房四宝、书法作品、笔筒是其陈设的钟爱；各式绘画、绘画工具和其他艺术品是爱好绘画的人家中的陈设佳品；商人则会选择"财神爷"等预示生意兴隆的摆设品（图1-3-118）。

图1-3-118　能反映个人爱好的工作室设计

2. 室内陈设的分类和选择

（1）室内陈设的分类　现代室内设计中的陈设从类型来分大概分为功能性（或称实用性）陈设、装饰性陈设、室内织物陈设三种形式。

1）功能性陈设。这类陈设具有一定实用价值且又有一定观赏性或装饰作用，如日常生活中的实用器具、文体用品、书籍杂志、家用电器、灯具等，它们既是人们日常生活的必需品，具有极强的实用性，又能起到美化空间的作用。既是日常用具也是装饰品，这类陈设的布置既要考虑其实用性又要与室内环境相一致，要求搭配和谐统一（图1-3-119、图1-3-120）。

图1-3-119　具有照明功能的灯具陈设

图1-3-120　实用器具陈设

2）装饰性陈设。这类陈设本身没有实用功能而纯粹作为观赏物，包括工艺品、纪念品、书法和绘画艺术品、雕塑、古玩收藏及观赏性植物等。各种陈设中，工艺品所占数量和种类最多，它所起的作用也是多种多样的（图 1-3-121 ~ 图 1-3-124）。

图 1-3-121　墙面装饰性陈设　　　　图 1-3-122　装饰性雕塑陈设　　　　图 1-3-123　工艺品陈设

图 1-3-124　装饰画

3）室内织物陈设。织物是室内陈设中为追求亲切感、柔化空间的某种文化风情的象征性装饰物。现代建筑室内往往利用织物的特征来强化空间的层次感，进行室内空间分隔处理，使空间产生"隔而不断"，意境幽深的效果。例如，一块地毯铺设在地面上，可以很明显地营造出一片独立的区域，而且地毯还可借助图案、纹理、质地、形状及编织形态来吸引人的视觉注意力（图 1-3-125）。

图 1-3-125　电影主题酒店的室内设计

每个民族都有代表本民族特色的手工艺品和传统艺术。一个民族的手工艺品能流传到今天具有重要意义，它是连接过去和现在文化的纽带。我国的传统工艺不但是中华民族文化艺术的瑰宝，而且有悠久的历史。工艺品的种类有木雕、牙雕、石雕、贝雕、挂盘、景泰蓝、漆器、泥塑、剪纸、刺绣、织锦、蜡染、书法、绘画、武器等。不同的工艺品可以渲染出不同的室内环境气氛。在室内空间摆设工艺品能提高室内环境的质量和氛围，摆放时要坚持少而精的原则。

（2）室内陈设的选择

1）陈设风格的选择。陈设风格的选择主要涉及与室内风格的关系问题。因此，其选择有两条主要途径：一是选择与室内风格相协调的陈设；二是选择与室内风格相对比的陈设。选择与室内风格协调的陈设，可使室内空间产生统一的、纯真的感觉，也很容易达到整体协调的效果。

2）陈列品形式的选择。主要包括陈设的色彩、陈设的造型、陈设的质感等的选择。对于陈设品色彩的选择，应首先对室内环境色彩进行总体控制与把握，即室内空间六个界面的色彩一般应统一、协调，但过分的统一又会使空间显得呆板、单调。宜在充分考虑总体环境色彩协调统一的基础上适当点缀，真正起到锦上添花的作用。

陈设品在造型上采用适度的对比也是一条可行的途径。陈设的形态千变万化，能带给室内空间丰富的视觉效果。如在以直线构成的空间中陈列曲线形态的陈设，或带曲线图案的陈设，会因形态的对比产生生动的气氛，也使空间显得柔和舒适。

对于陈设品质感的选择，也应从室内整体环境出发，不可杂乱无序。在原则上，同一空间宜选用质地相同或类似的陈设以取得统一的效果，尤其是大面积陈设。但在陈设上可采用部分陈设与背景质地形成对比的效果，使其能在统一之中显出材料的本色。需重点突出的陈设可利用其质感的变化来达到丰富的效果。

3. 室内陈设的布置原则

（1）格调统一，与整体风格相协调　室内空间色调的统一与协调和陈设风格的连续性应从整体上把握与控制。要根据空间的使用功能和居住者的特点来确定陈设，从而创造出特定的环境气氛。室内环境的风格、品位很大一部分是由陈设决定的。陈设的造型、色彩、材质使室内空间更有特点和韵味，使环境生动和富有生机。应在总体风格协调的前提下进行适当的点缀，切忌过多选用风格、造型、色彩上没有统一性和连续性的陈设作为点缀，这将使室内空间显得凌乱无序。

（2）构图均衡，与空间关系合理　室内的陈设应该和室内空间的其他各种元素相互组合成完美的整体。由于属于视觉美的范畴，因而很自然地应该符合形式美的要求。在室内陈设布置中经常采用有规则式与不规则式两种构图方式。规则式的构图往往采用对称的形态，这时常具有明显的轴线，有庄重、严肃和稳定的特性，常应用在会议厅、宴会厅和我国传统建筑中厅堂的陈设布置。相反，不规则的构图布置则显得轻松活泼，常运用在比较自由随意的场所。

（3）主次分明，并要注意节奏感　节奏感是将风格、造型、色彩相同或相近的陈设进行有条理的反复配置，形成有节奏有韵律的美感，以此形成视觉上的流动感和连续性。其节奏感的形成是整体性的。要注意室内空间要素本身的相互关系，如墙、顶、地、门、窗、柱相互间的韵律，而且还要注意陈设之间与环境之间总体上的协调的节奏关系，最终给人以美的秩序和律动感。

（4）满足构景要求，注重观赏效果　室内陈设的布置除了一些具有日用功能的器物需要同时兼顾方便使用的要求外，大部分的陈设布置主要是为了满足视觉感受的精神功能要求，因此，在一般情况下就得满足构景的要求。在陈设布置时要做到物得其所，应该设置在适当的和必要的地点或场所，而不仅是填补"空白"。陈设的形状、形式、线条更应与家具和室内装修取得密切的配合，运用多样统一的美学原则达到和谐的效果。

4. 室内陈设的陈设方式

由于陈设种类繁多，陈设的形式也是丰富多彩的。按照其陈设、展示方式的不同，可以分为以下几种基本类型：墙面装饰陈设、台面摆设陈设、橱架陈列、橱窗展示陈设、落地陈设、空中悬吊陈设。不同的展示方式，会给人们不同的感受。

（1）墙面装饰陈设　这是指将陈设品张贴或钉挂在墙面上的展示方式，多以悬挂书法、绘画、摄影作品，或以壁灯、壁画、壁毯和其他悬挂物为主，给人以很强的视觉冲击感（图1-3-126、图1-3-127）。

图1-3-126　墙面装饰陈设

图1-3-127　墙面光影陈设

（2）台面摆设陈设　台面摆设陈设往往依据功能的需要和家具的造型及特征进行设计，选用与家具面形状、色彩和质地相协调的陈设物，不仅能起到画龙点睛的作用，往往还能烘托气氛，营造特殊空间效果。台面摆设陈设的范围很广，除了一些建筑台面，如窗台、台阶，甚至横梁外，还包括家具台面，如桌子、柜子、茶几、钢琴台等。由于这些空间往往还兼具生活实用的功能，因此，数量不宜过多，种类不宜过杂，必须同时考虑到生活活动的需要，避免产生干扰的问题（图1-3-128、图1-3-129）。

图 1-3-128　台面摆设陈设（一）　　　　　　　　图 1-3-129　台面摆设陈设（二）

（3）橱架陈列　橱架陈列是一种兼具储藏作用的展示方式，可以将各种陈设品统一集中陈列，使空间显得整齐有序，尤其是对于陈设品较多的空间来说，是最为实用有效的陈列方式。橱架还可以做成开敞式或空透式的，分格自由灵活，可根据不同陈设品的尺寸分隔格架的大小（图1-3-130、图1-3-131）。

图 1-3-130　橱架陈列（一）　　　　　　　　图 1-3-131　橱架陈列（二）

（4）橱窗展示陈设　这是指以表现、推广产品理念为主线的主题陈设设计。比较适合有大空间的卖场，最容易营造气氛，体现故事的完整性。一般用射灯重点表现来达到陈设的最佳效果（图1-3-132、图1-3-133）。

图 1-3-132　橱窗展示陈设（一）　　　　　　　　图 1-3-133　橱窗展示陈设（二）

（5）落地陈设　落地陈设一般是大型陈设物，如雕塑、古董瓷物、绿化盆景等，常直接布置在地上，以其体量和造型引人注目，也应当注意大型落地陈设不应妨碍正常工作和交通，而且最好也不要形成仰视的视觉效果（图 1-3-134、图 1-3-135）。

图 1-3-134　落地陈设（一）　　　　　　　　　图 1-3-135　落地陈设（二）

（6）空中悬吊陈设　这是指从屋顶或天花板垂吊下来，而且没有落地连接的陈设。这种陈设一般在空间层高的厅室里摆设，可以丰富空间层次，常悬挂抽象金属雕塑、吊灯等，灯具的造型和光照的角度吸引人们的视线，并通过光源、灯具的色彩和造型，丰富了空间形象（图 1-3-136、图 1-3-137）。

（7）其他陈设　随着艺术品种类的不断增加和建筑室内空间环境的日益丰富，艺术陈设品的展示方式也更加多种多样，充满个性的其他陈设方式也相继出现（图 1-3-138、图 1-3-139）。

总之，在实际生活中，陈设品的陈设位置比较自由，除上面所说的展示方式外，还可以在顶棚、门窗、楼梯等处进行布置。尽管陈设布置的场所不尽相同，但只要有良好的构思并结合不同的室内环境，灵活运用上述的布置原则和陈设方式，定能取得生动活泼、趣味盎然的艺术效果。

图 1-3-136　空中悬吊陈设（一）

图 1-3-137　空中悬吊陈设（二）

图 1-3-138　美国的第五大道 LV 店蛋壳方式陈设

图 1-3-139　立体马赛克方式陈设

1.3.5　室内空间的色彩设计与应用

色彩，它不是一个抽象的概念，它和室内每一物体的材料、质地紧密地联系在一起。有了色彩的存在，才会让人们从所生活的环境在视觉上不断得到美的享受。色彩具有强烈的信号，并能支配人的感情。

色彩是室内设计中最为生动、最为活跃的因素，室内色彩往往给人们留下室内环境的第一印象。色彩最具表现力，其能通过人们的视觉感受产生的生理、心理和类似物理的效应，形成丰富的联想、深刻的寓意和象征。

色彩能随着时间的不同而发生变化，微妙地改变着周围的景色，如在清晨、中午、傍晚、月夜，景色都很迷人，主要是因光色的不同而各具特色。一年四季不同的自然景观，丰富着人们的生活。色彩的这些特点，很快地吸引了人们的注意，并运用到室内设计中来。

光和色不能分离，除了色光以外，色彩还必须依附于界面、家具、室内织物、绿化等。室内色彩设计需要根据建筑物的性格、室内使用性质、工作活动特点、停留时间长短等因素，确定室内主色调，选择适当的色彩配置。

1. 色彩三属性

色彩具有三种属性，或称色彩三要素，即色相、明度和彩度，这三者在任何一个物体上是同时显示出来的、不可分离的。

色相——是指色彩所呈现的相貌，如红、橙、黄、绿等色，色彩之所以不同，决定于光波波长的长短，通常以循环的色相环表示。

明度——表明色彩的明暗程度。明度决定于光波之波幅，波幅越大，亮度也越大，但和波长也有关系。通常从黑到白分成若干阶段作为衡量的尺度，接近白色的明度高，接近黑色的明度低。

彩度——即色彩的强弱程度，或色彩的纯净饱和程度。因此，有时也称为色彩的纯度或饱和度，它决定于所含波长是单一性还是复合性。单一波长的颜色彩度大，色彩鲜明；混入其他波长时彩度就减低。在同一色相中，把彩度最高的色称该色的纯色，色相环一般均用纯色表示。

2. 色彩的混合

（1）原色　红、黄、蓝称为三原色，因为这三种颜色在感觉上不能再分割，也不能用其他颜色来调配。

（2）间色　间色也称为二次色，由两种原色调制成。即红 + 黄 = 橙，红 + 蓝 = 紫，黄 + 蓝 = 绿，共三种。

（3）复色　由两种间色调制成的称为复色。

（4）补色　在三原色中，其中两种原色调制成的色（间色）与另一原色，互称为补色或对比色，即红与绿、黄与紫、青与橙。

3. 色彩在室内环境设计中的作用

（1）色彩引起的物理效应　色彩引起的视觉效果还反映在物理性质方面，如冷暖、远近、轻重、大小等，这不单是由于物体本身对光的吸收和反射不同的结果，还存在着物体间的相互作用的关系所形成的错觉，色彩的物理作用在室内设计中可以大显身手。

1）温度感。在色彩学中，把不同色相的色彩按给人的冷暖感觉可分为热色、冷色和温色。从红紫、红、橙、黄到黄绿色称为热色，以橙色最热；从青紫、青至青绿色称冷色，以青色为最冷；紫色由红（暖色）与青色（冷色）混合而成，绿色由黄（暖色）与青（冷色）混合而成，不冷不热，所以是温色。这和人类长期的感觉经验是一致的，如红色、黄色让人似看到太阳、火、炼钢炉等，感觉热；而青色、绿色让人似看到江河湖海、绿色的田野、森林，感觉凉爽。

2）距离感。色彩可以使人产生进退、凹凸、远近的不同距离感觉，一般暖色系和明度高的色彩具有前进、凸出、接近的效果，而冷色系和明度较低的色彩则具有后退、凹进、远离的效果。室内设计中常利用色彩的这些特点去改变空间的大小和高低。

3）重量感。色彩的重量感主要取决于明度和纯度，明度和纯度高的显得轻，如桃红、浅黄色。在室内设计的构图中常以调节色彩的重量感来达到平衡和稳定，以及表现性格的需要，如轻飘、庄重等。

4）尺度感。色彩对物体大小的作用，包括色相和明度两个因素。暖色和明度高的色彩具有扩散作用，因此物体显得大；而冷色和低明度色则具有内聚作用，因此物体显得小。不同的明度和冷暖有时也通过对比作用显示出来，室内不同家具、物体的大小和整个室内空间的色彩处理有密切的关系，可以利用色彩来改变物体的尺度、体积和空间感，使室内各部分之间关系更为协调。

（2）色彩引起的生理和心理反应　色彩在人心理上引起的效应，表现在感情刺激方面，如兴奋、消沉、开朗、抑郁、动乱、镇静等；象征意象方面，如庄严、轻快、刚、柔、富丽、简朴等，因而被人们像魔法一样地用来创造心理空间，表现内心情绪，反映思想感情。任何色相、色彩性质常有两面性或多义性，我们要善于利用它积极的一面。其中对感情和理智的反应，不可能完全取得一致的意见。根据画家的经验，一般采用暖色相和明色调为主的画面，容易造成欢快的气氛，而用冷色相和暗色调为主的画面，容易造成悲伤的气氛，这对室内色彩的选择也有一定的参考价值。

4. 色彩的含义和象征性

人们对不同的色彩表现出不同的好恶，这种心理反应，常常是因人们生活经验、利害关系，以及由色彩引起的联想造成的，此外，也和人的年龄、性格、素养、民族、习惯分不开。例如，看到红色联想到太阳，万物生命之源，从而感到崇敬、伟大，也可以联想到血，感到不安、野蛮等；看到黄绿色，联想到植物发芽生长，感觉到春天的来临，于是它常代表青春、活力、希望、发展、和平等；看到黑色，联想到黑夜、丧事中的黑纱，从而感到神秘、悲哀、不祥、绝望等；看到黄色，似阳光普照大地，感到明朗、活跃、兴奋。人们对色彩的这种由经验感觉到主观联想，再上升到理智的判断，既有普遍性，也有特殊性；既有共性，也有个性；既有必然性，也有偶然性，因此，我们在进行选择色彩作为某种象征和含义时，应该根据具体情况具体分析。

红色——红色是所有色彩中视觉感觉最强烈和最有生气的色彩，它有强烈的促使人们注意和似乎凌驾于一切色彩之上的力量，它炽烈似火，壮丽似日，热情奔放如血，是生命崇高的象征。

橙色——橙色又称橘黄或橘色。色感较红色更暖，最鲜明的橙色应该是色彩中让人感觉最暖的颜色，具有明亮、华丽、温暖、使人愉悦的色彩感觉，橙色常象征活力、精神饱满，具有很强的装饰功能和作用。

黄色——黄色在色相环上是明度最高的色彩，它光芒四射，轻盈明快，生机勃勃，具有温暖、愉悦、提神的效果，常为积极向上、进步、文明、光明的象征。

绿色——绿色是大自然中植物生长，生机盎然，清新宁静的生命力量和自然力量的象征。从心理上，绿色令人平静、松弛，从而得到休息。人眼晶体把绿色波长恰好集中在视网膜上，因此，它是最能使眼睛休息的色彩。

蓝色——蓝色从各个方面都是红色的对立面，在外貌上蓝色是透明的和潮湿的，红色是不透明的和干燥的；从心理上蓝色是冷的、安静的，红色是暖的、兴奋的；在性格上，红色是粗犷的，蓝色是清高的；对人机体作用，蓝色减低血压，红色增高血压。蓝色象征安静、清新、舒适和沉思。

紫色——紫色是红青色的混合，它精致而富丽，高贵而迷人。偏红的紫色，华贵艳丽；偏蓝的紫色，沉着高雅，常象征尊严、孤傲或悲哀。应注意，紫罗兰色是一种纯光谱色相，紫色是混合色，两者在色相上有很大的不同。

5. 室内空间色调的分类与选择

根据色彩协调规律，室内空间色调可以分为下列几种（图1-3-140）：

| 单色调 | 相似色调 | 互补色调 | 分离互补色调 | 双重互补色调 |

图1-3-140 室内空间色调的分类

（1）单色调　以一个色相作为整个室内色彩的主调，称为单色调。

单色调的特点：单色调很容易获得安静、安详的效果，并具有良好的空间感及为室内的陈设提供良好的背景。单色调应特别注意通过明度及纯度的变化加强对比，并用不同的质地、图案及家具的形状来丰富整个室内。单色调可适当加入黑白无彩色系作为必要的调剂（图 1-3-141）。

图 1-3-141　单色调

a）白色调休息厅　b）红色调客房　c）黄色调大厅　d）蓝色调茶室　e）粉色调儿童卧室　f）绿色调客房

（2）相似色调　相似色调的特点：相似色调是最容易运用的一种色彩方案。也是目前最大众化和深受人们喜爱的一种色调。因为这种方案只用两三种相近的颜色，如黄、橙、橙

红、蓝紫、紫等颜色，所以十分和谐。相似色调同样也很宁静、清晰，这些色彩也由于它们
在明度上的变化而十分丰富。一般来说需
要加入无彩色系运用，才能加强相似色调
的明度和纯度的表现力（图1-3-142）。

（3）互补色调　采用在色环上处于
相对位置的两种色彩作为主色调，称为互
补色调。

互补色调的特点：互补色调是运用色
环上相对位置的色彩，如青与橙、红与
绿、黄与紫，其中一个要为二次色，另一
个为一次色。对比色使室内生动而鲜亮，
能够很快获得注意和引起兴趣。使用对比
色应该注意，其中一色应始终保持被支配

图1-3-142　相似色调

地位，而另一色彩保持原有的吸引力。过强的对比可以用明度的改变加以软化，或是改变纯
度，使其变灰而获得平静的效果（图1-3-143）。

a）

b）

图1-3-143　互补色调

a）某个性空间的色彩设计　b）某度假酒店室内色彩设计

（4）分离互补色调　在色相环中对比色中的相邻的两色，组成三个颜色的对比色调，
称为分离互补色调。

分离互补色调的特点：互补色双方都
有表现自己的强烈倾向，用得不当，可能
会削弱其表现力。分离互补色调，如红与
黄绿和蓝紫，加强了橙色的表现力，通过
次三色明度和纯度的变化，也可获得理想
效果（图1-3-144）。

（5）双重互补色调　在色环中选择两
组相对位置的颜色，两组对比色同时运用
的色调，称为双重互补色调。

图1-3-144　分离互补色调

双重互补色调的特点：两组对比色同时运用。双重互补色调的运用对于小的房间来说可能会造成色彩的混乱，但通过一定的技巧组合尝试，可使其达到一定的多样化效果。对于大面积的房间来说，为了增加其色彩变化，是个很好的选择。使用时应注意两种对比应有主次，作为小的房间来说应把其中之一作为重点处理（图1-3-145）。

（6）无彩色调　由无彩色系黑、白、灰组成的色调称为无彩色调。

无彩色调的特点：无彩色调是一种非常高贵、吸引人的色调。采用无彩色调有利于突出周围环境的表现力。完全由无彩色建立的彩色系统，非常平静，但由于黑与白的对比非常强烈，用量要适度。在某些系列中，可以加入一种或几种纯度较高色相，如黄、绿、红等，这种单色调的性质不同，因无彩色系占支配地位，彩色只起到点缀作用。在室内设计中，粉白色、米色、灰白色及高明度色相，都可看为无彩色（图1-3-146）。

图1-3-145　双重互补色调

图1-3-146　无彩色调的室内空间

6. 室内空间色彩

（1）背景色彩　背景色如墙面、地面、顶棚等的颜色，它占有极大面积并起到衬托室内一切物体的作用。因此，背景色是室内色彩设计中首要考虑和选择的问题。

（2）装修色彩　装修色彩如门、窗、博古架、墙裙、壁柜等的色彩，它们和背景色有着紧密的联系。

（3）家具色彩　不同品种、规格、形式、材料的各式家具，如橱柜、梳妆台、床、桌、椅、沙发等，它们是室内陈设的主题，是表现设计风格、个性的重要因素，它们和背景色有密切关系，常控制室内设计中总体效果的主体色彩。

（4）织物色彩　织物色彩包括窗帘、帷幔、床罩、台布、地毯、沙发、座椅等蒙面织物的色彩。室内织物的材料、质感、色彩、图案五光十色、千姿百态，和人的关系更为密切，在室内色彩中起着举足轻重的作用。

（5）陈设色彩　陈设色彩包括灯具、电视机、日用品、工艺品、绘画雕塑等的色彩。它们体积虽小，但常可起到画龙点睛的作用，在室内色彩中常作为重点色彩或点缀色彩。

（6）绿化色彩　盆景、花篮、吊篮、插花、不同花卉、植物等的不同的姿态、色彩、情调含义和其他色彩容易协调。绿化色彩对丰富空间意境，加强生活气息，软化空间肌体，有特殊作用。

1.3.6　室内空间的采光与照明设计

室内照明是室内设计的重要组成部分之一。就人的视觉来说，没有光也就没有一切。在室内设计中，光不仅满足人们视觉功能的需要，而且是一个重要的美学因素。光可以形成、改变空间或者破坏空间，它直接影响到人对物体大小、形状、质地和色彩的感知。另一方面，不同的采光与照明方式，会在很大程度上影响室内空间设计的效果。

室内的采光方式主要包括：天然采光和人工照明两类。光照除了能满足正常的工作生活环境的采光、照明要求之外，其光影效果还能有效地起到烘托室内环境气氛的作用。

住宅建筑在白天一般以自然采光为主，自然光具有明朗、健康、舒适、节能的特点。人工照明具有光照稳定，不受房间方向、位置影响等特点。在设计中可根据每个空间的需要灵活设置灯具。

1. 光源的类型

光源的类型可以分为自然光源和人工光源。我们在白天才能感到自然光，昼光由直射地面的阳光和天空光组成。自然光源主要是日光，日光的光源是太阳。

人工光源主要有白炽灯、荧光灯、高压放电灯等。家庭和一般公共建筑所用的主要人工光源是白炽灯和荧光灯，放电灯由于其管理费用较少，近年也有所增加。

（1）白炽灯　白炽灯是历史最悠久的灯，应用极为广泛。它的发光原理基于真空或中性气体中的灯丝通过电流加热到白炽状态引起的热辐射发光现象，它的优点是结构简单、价格低廉、使用方便、显色性好；缺点是发热大、发光效率较低、使用寿命较短。

白炽灯可用不同的装潢和外罩制成，一些采用晶亮光滑的玻璃，另一些采用喷砂或酸蚀消光，或用硅石粉末涂在灯泡内壁，使光更柔和。色彩涂层也运用于卤钨灯，体积小、寿命长。卤钨灯的光线中都含有紫外线和红外线，因此，受到它长期照射的物体都会褪色或变质。

（2）荧光灯　荧光灯是一种低压放电灯，灯管内是荧光粉涂层，能把紫外线转变为可见光，并有冷白色、暖白色、白色和增强光等。颜色变化是由管内荧光粉涂层方式控制的。暖白色最接近于白炽灯，荧光灯产生均匀的散射光，发光效率为白炽灯的 1000 倍，其寿命为白炽灯的 10~15 倍，因此，荧光灯不仅节约电，而且可节省更换费用。

（3）氖管灯（霓虹灯）　霓虹灯多用于商业标志和艺术照明，近年来也用于其他一些建筑。霓虹灯的色彩变化是由管内的荧粉层和充满管内的各种混合气体形成的，并非所有的管内都是氖蒸气，氩和汞也都可用。霓虹灯和所有放电灯一样，必须有镇流器来控制电压。霓虹灯是相当费电的，但很耐用。

（4）高压放电灯　高压放电灯至今一直用于工业和街道照明。小型的在形状上和白炽灯相似，有时稍大一点，内部充满汞蒸气、高压钠或各种蒸气的混合气体，它们能用化学混合物或在管内涂荧光粉涂层，校正色彩到一定程度。高压水银灯冷时趋于蓝色，高压钠灯带黄色，多蒸气混合灯带绿色。高压灯都要求有一个镇流器，这样最经济，因为它们产生很大的光量和发生很小的热，并且比日光灯寿命长 50%，有些可达 2400h。

（5）发光二极管（LED）　发光二极管（LED）的发光原理是利用电流流过半导体时发出的光线。LED 应用领域广泛，最新的白或蓝高光效二极管主要用于信号指示（如交通灯、出口指示或应急照明）。一个发光二极管（LED）平均消耗的电流只有 20mA，根据颜色的不同, 电压降在 1.7 ~ 4.6V 之间。这些特性适用于低压电源供电, 特别是电池供电的场合, 如电源为市电, 需使用镇流器将电源变换为发光二极管所需电源。发光二极管功耗低, 可在极低的温度下工作, 所以使用寿命特别长。需要高亮度照明的地方需很多发光二极管串联使用。

不同类型的光源, 具有不同色光和显色性能, 对室内的气氛和物体的色彩产生不同的效果和影响, 应按不同需要选择。布置室内照明时应首先考虑使光源布置和建筑结合起来, 这不但有利于利用顶面结构和装饰顶棚之间的巨大空间, 隐藏照明管线和设备, 而且可使建筑照明成为整个室内装修的有机组成部分, 达到室内空间完整统一的效果, 它对于整体照明更为合适。

2. 灯具的种类

室内环境中照明灯具的布置应当均匀合理, 并在此基础上通过局部增设的灯具来达到突出重点的目的。因此, 灯具的布置过程包括了整体上的考虑和局部上的调整这两个阶段。整体上的考虑就是使室内空间中的照度均匀分布。此时, 应考虑灯具设置的高度、灯具的间隔及光线从灯具中射出的方式。通常有这样几种布置方式:

(1) 吸顶灯 直接紧靠顶棚安装, 像是吸附在顶棚上, 称为吸顶灯。光源有普通灯泡、荧光灯、高强度气体放电灯、卤钨灯等 (图 1-3-147)。

(2) 吊灯 所有从顶部垂吊下来的灯具都称为吊灯, 常常通过吊件悬在空间的某一高度上。吊灯的花样最多, 常用的有欧式烛台吊灯、中式吊灯、水晶吊灯、羊皮纸吊灯、时尚吊灯、锥形罩花灯、尖扁罩花灯、束腰罩花灯、五叉圆球吊灯、玉兰罩花灯、橄榄吊灯等。用于居室的分单头吊灯和多头吊灯两种, 其最低点应离地面不小于 2.2m (图 1-3-148、图 1-3-149)。

图 1-3-147   顶部安装吸顶灯的客厅空间

图 1-3-148   某咖啡厅吊灯照明

图 1-3-149   水立方展厅时尚吊灯

(3) 嵌入式灯 这种灯安装在天花的顶棚里面, 灯口与顶棚大致相齐; 一般有嵌入式筒灯、斗胆灯和牛眼灯等, 选用此种灯具要求顶棚内有足够的安装空间 (图 1-3-150、图 1-3-151)。

a)   b)   c)

图 1-3-150　常用嵌入式灯具

a）筒灯　b）牛眼灯　c）斗胆灯

图 1-3-151　顶部安装嵌入式筒灯的商业空间

（4）壁灯　壁灯是安装在墙壁上的灯具，也是室内装饰补充型照明的灯具，由于距地面不高，一般都用低瓦数灯泡。也可直接用紧凑型荧光灯替代白炽灯泡（图 1-3-152）。

（5）射灯　射灯是典型的无主灯，能营造室内照明气氛，射灯可安置在吊顶四周或家具上部，也可置于墙内、墙裙或踢脚线里（图 1-3-153）。光线直接照射在需要强调的家具器物上，以突出主观审美作用，达到重点突出、环境独特、层次丰富、气氛浓郁、缤纷多彩的艺术效果。射灯光线柔和，雍容华贵，既可对整体照明起主导作用，又可局部采光，烘托气氛（图 1-3-154）。

图 1-3-152　某会客间的壁灯

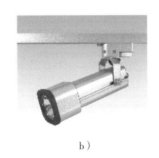

a）

b）

图 1-3-153　射灯

a）射灯　b）轨道射灯

图 1-3-154　某橱窗射灯照明效果

（6）台灯　台灯是人们生活中用来照明的，放置于台面上的一种家用电器。台灯的光源一般有四大类：白炽灯、卤钨灯、荧光灯和 LED。根据风格分类有现代台灯（图 1-3-155）、仿古台灯、欧式台灯、中式台灯。

（7）落地灯　落地灯一般布置在客厅和休息区域里，与沙发、茶几配合使用，以满足房间局部照明和点缀、装饰家庭环境的需求。落地灯一般由灯罩、支架、底座三部分组成，其造型挺拔、优美（图 1-3-156）。

图 1-3-155　某客厅中的现代台灯

图 1-3-156　休息区的落地灯

3. 照明的方式

（1）依散光方式分类

1）直接照明。指全部灯光或90%以上的灯光直接照射被照的物体。其特点为：容易产生眩光，照明区与非照明区亮度对比强烈。

2）间接照明。此照明形式是将90%以上灯光照射在墙上或顶棚上再反射到被照明物体上，光线均匀柔和、无眩光。在居室照明设计中适用于小空间。

3）漫射照明。此照明形式是灯光射到上下左右的光线大体相当，使光通量均匀地向四面八方漫射，适用于居室照明设计的各类空间。

4）半间接照明。是大约60%以上灯光首先照射到墙和顶棚上，只有少量光线直接照射在被照物上，使整个居室空间光线柔和，明暗对比不太强烈。

（2）依灯具的布局方式分类

1）整体照明。这是最基本的照明方法，目的是把整个空间照亮，所以又称为"基础照明"。整体照明的特点：光线分布比较均匀，能使空间显得明亮和宽敞。适用于学校、工厂、餐厅、办公室等（图1-3-157）。

2）局部照明。局部照明又称重点照明。与整体照明相比，局部照明更有明确的目的性，其特点为：能为工作面或被照物体提供更为集中的光线，并能形成有特点的气氛和意境。例如，客厅、书房、餐厅等（图1-3-158、图1-3-159）。

3）装饰照明。装饰照明又称气氛照明，以色光营造一种带有装饰味的气氛或戏剧性的效果（图1-3-160）。这种照明方式是通过灯具

图1-3-157　某餐厅的整体照明设计

的造型、质感及灯具的排列组合，创造视觉美感的照明，通过光的强弱、分布、照射角度、投光范围的控制，强化细部和创造特殊气氛等，如吊顶里的单色或彩色灯槽；光影效果的壁灯或有图案的吊灯；霓虹灯组成的文字或图形；彩色射灯或泛光灯照明等。其目的是丰富空间的色彩感和层次感（图1-3-161）。

图1-3-158　筒灯局部照明

图1-3-159　台灯局部照明

图1-3-160　装饰照明

图1-3-161　光影效果的壁灯照明

4）整体与局部混合照明。这是在整体照明的基础上，视不同需要，加上局部照明和装饰照明，使整个室内环境有一定的亮度，又能满足工作面上的照度标准需要。整体与局部混合照明既节约电能，又能带来视觉的舒适感，是目前室内空间设计中应用最为普遍的一种照明方式（图1-3-162、图1-3-163）。

图1-3-162　客厅混合照明

图1-3-163　餐厅混合照明

4. 照明设计的基本原则

在进行家庭居室照明设计时，既要遵循现行的相关建筑照明设计的标准和规范，又要满足人们的审美要求。在设计过程中，应遵循以下原则：

（1）安全性原则　灯具安装场所是人们在室内活动的频繁场所，所以安全防护是第一位。这就要求灯光照明设计绝对安全，必须采取严格的防触电、防短路等安全措施，并严格按照规范进行施工，以避免意外事故的发生。

（2）功能性原则　灯光照明设计必须符合功能的要求，根据不同的空间、不同的对象选择不同的照明方式和灯具，并保证适当的照度和亮度。例如，客厅的灯光照明设计应采用垂直式照明，要求亮度分布均匀，避免出现眩光和阴暗区；室内的陈列，一般采用强光重点照射以强调其形象，其亮度比一般照明要高出3~5倍，常利用色光来提高陈设品的艺术感染力。

（3）艺术性原则　灯具不仅起到保证照明的作用，而且由于其十分讲究造型、材料、色彩、比例，已成为室内空间不可缺少的装饰品。通过对灯光的明暗、隐现、强弱等进行有节奏的控制，采用透射、反射、折射等多种手段，创造风格各异的艺术情调气氛，可为人们的生活环境增添丰富多彩的情趣。

（4）合理性原则　灯光照明并不一定是以多为好，以强取胜，关键是科学合理。灯光照明设计是为了满足人们视觉和审美的需要，使室内空间最大限度地体现实用价值和欣赏价值，并达到使用功能和审美功能的统一。

5. 建筑化照明的艺术表现

建筑化照明，就是把建筑和照明融为一体，使建筑物的一部分光彩夺目的照明方式。建筑化照明是在建筑物里面安装上光源或照明器具，采用埋入式，利用建筑物的表面反射或透过光线功能。这种照明方式不但有利于利用顶面结构和装饰顶棚之间的巨大空间，隐藏各种照明管线和设备管道，而且可使建筑照明成为整个室内设计装修的有机组成部分，达到室内空间完整统一的效果。常见的建筑化照明形式有凹槽口照明、发光墙面、底面照明、龛孔

（下射）照明、泛光照明、发光面板、导轨照明、环境照明、点式照明、线式照明、集中式照明、满天星式照明、纵向排列与横向排列照明等多种设计手法。为取得视觉上的合适度，创造一个良好的照明环境，需要亮度分布合理和室内空间各个面的反射比选择适当，照度分配与之相配合，在一个空间里多种因素的反射系数值必须是平衡的。某些空间环境采用局部照明设计要建立在顶棚普遍带状照明的基础上，为了加强空间的立体感及质感，使用方向性强的灯和利用色、光以强调特定的空间不同效果（图 1-3-164 ~ 图 1-3-171）。

图 1-3-164　线状艺术建筑化照明

图 1-3-165　某展室建筑化照明设计

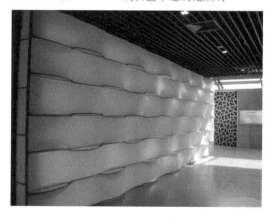

图 1-3-166　某展室发光墙面

图 1-3-167　某展室艺术建筑化照明

图 1-3-168　某展室满天星式照明

图 1-3-169　凹槽口照明

图 1-3-170　龛孔（下射）照明

图 1-3-171　某展室墙面艺术照明

6. 照明设计的注意事项

1）最大限度地采用自然光，尽量避免白天使用人工光。与人工光相比，自然光更加舒适，在特殊的环境下使用人工光，尽量选用节能型灯具，确保照明方式符合视觉和人体工学要求。

2）不同的功能区配光的要求不同。照明设计是为功能服务，注意每个功能区的特点，它涉及空间划分和组合的因素。注意配光中的冷暖关系，日光灯为冷光，白炽灯和石英灯为暖光，如果室内空间全部为冷光，使人感到寒冷，全部使用白炽灯照度不足，艺术效果也缺乏对比。

3）配光要主次分明、重点突出。要在分清主次后再考虑光源与辅助光源的关系，辅助光源应衬托主光源，使其突出形成中心。天花配光应根据吊顶叠级和平面造型来决定光的暗藏或明装，让一次光源与二次光源等多种光相互作用。

4）注重照度的比差。照度设计讲究对比，对比手法在设计中尤为重要，有对比才显趣味性。如在咖啡厅、酒吧中，工作区照度高，座位区照度低，墙面聚光灯照射的光与影比差也很大。

5）尽量多使用均匀照度。均匀照度可减少眼睛疲劳，除特殊气氛要求外，局部使用照度比差来突出视觉效果，如商场、办公室等。

6）注重灯具的外观造型。灯具是照明设计美感的关键问题，不同造型的灯具与室内环境结合起来，可以形成不同风格的室内情调和环境气氛，虽然也有许多暗藏灯或半暗藏灯，但还有许多灯具是外露照明的。

7）选用灯具要考虑光学效果。例如，采用吸顶灯，顶界面有向上的感觉；采用吊顶灯，顶界面有向下的感觉。光线较强的空间给人以扩大之感。

1.3.7　室内空间绿化与庭院设计

随着科技的发展和社会的不断进步，室内空间作为人们生活的主体，使得人们对居住、工作等室内环境的设计提出了更高的要求，用绿色植物进行室内装饰是室内整体装修的重要组成部分，苏东坡曾云："宁可食无肉，不可居无竹"，并常以花木寄托思乡之情。植物是大自然生态环境的主体，通过室内绿化把生活、学习、工作、休息的空间变成"绿色的空间"，当人们踏进室内，看到浓浓的绿意和鲜艳的花朵，听到卵石上的流水声，闻到阵阵的花香，精力会更加充沛，思路更加敏捷，从而提高工作效率。所以说室内空间绿化是环境改善最有效的手段之一，并已成为一种时尚和追求。

1. 室内空间绿化的作用

（1）生态保健功能 绿色植物能改善室内环境质量，增加空气中的含氧量，降低噪声，减少空气的漂尘量，吸收有害气体和杀灭细菌。同时，通过植物的叶子吸热和水分蒸发可降低气温，在冬、夏季可以相对调节温、湿度，净化室内空气，有助于空气中正负离子的平衡，从而改善室内环境。科学实验证明，绿色植物所具有的这种生态功能，有助于人体健康和人类生存。

（2）组织室内空间 室内绿色植物通过适当的组合和处理，可以起到分隔、联系引导、限定、沟通和强化空间等的作用。

1）分隔空间。以绿化分隔空间的范围是十分广泛的，如在两厅室之间，厅室与走道之间，以及在某些大的厅室内需要分隔成小空间的部分，室内外之间，室内地坪高差交界处等，都可用绿化进行分隔（图1-3-172）。

图1-3-172 利用绿化分隔室内空间

2）联系引导空间。绿化在室内的连续布置，从一个空间延伸到另一个空间，特别在空间的转折、过渡、改变方向之处，更能发挥空间的整体效果。绿化布置的连续和延伸，如果有意识地强化其突出、醒目的效果，那么，通过视线的吸引，就起到了暗示和引导作用。方法一致，作用各异，在设计时应予以细心区别（图1-3-173）。

3）强化空间。大门入口处、楼梯进出口处、交通中心或转折处、走道尽端等，既是交通的要害，也是空间中的起始点、转折点、中心点、终结点等的重要视觉中心位置，是必须引起人们注意的位置，因此，常放置特别醒目的、更富有装饰效果的，甚至名贵的植物或花卉，能起到强化空间、重点突出的作用。布置在交通中心或尽端靠墙位置的绿化也常成为厅室的趣味中心而被加以特别装点（图1-3-174）。

图1-3-173 利用绿化联系引导空间

图1-3-174 利用绿化突出空间的重点

（3）美化室内环境 绿色植物对室内的美化功能主要体现在两个方面。一是植物本身的自然美，如植物绚丽的色彩、柔和的质地、飘逸的形态和各种宜人的香气等；二是通过植物与室内环境恰当地组合，有机地配置，从色彩、形态、质感等方面产生鲜明的对比，而形成美的环境。植物的自然形态有助于打破室内装饰直线条的呆板与生硬，通过植物的柔化作用补充色彩，美化空间，使室内空间充满生机（图1-3-175、图1-3-176）。

图1-3-175 利用绿化美化环境　　　　　图1-3-176 利用绿化柔化空间

（4）创造环境氛围，陶冶情趣 不同的植物种类有不同的枝、叶、花、果和姿色，中国人常常将园林花木"人化"，视其为有思想的活物，成为人的某种精神寄托，把花木的自然属性比喻为人的社会属性。

松、柏、栗曾被作为三代神木，也是古老文化和民族的象征；梅有"花魁"之誉，花姿秀雅、风韵迷人、傲霜斗雪、清香飘逸，其花有五瓣，故称"梅开五福"，象征吉祥；兰花，尊为"香祖"，幽居独处，典雅素朴，后也作友谊的象征；竹，修长有韵致，品格虚心，生而有节，被视为气节的象征，也寓有"节节高"之意；菊花，素洁、率真，傲然独立，被推为九月花神；牡丹，"百花之王"，雍容华贵，有"国色天香"的美称，象征荣华富贵，唐时更以观赏牡丹为风尚；月季，有花中"皇后"之称，四季常开，青春永驻；荷花，花中"君子""出淤泥而不染"，被推为六月花神；水仙，又称"凌波仙子"，高雅、脱俗；海棠，花中"神仙"，一支可压千林。

根据花木的习性、名称等，人们往往赋予特定的象征意义。如橄榄象征和平，青松比作英雄，石榴寓含多子，紫薇、榉树比喻达官贵人，桂花比喻流芳百世，梅花象征坚贞，桃李比喻学生，紫荆象征团结，白玉兰象征冰清玉洁。

长久以来，人们在许多植物中看到了自身的美，因而这类植物也就成为一种精神寄托。植物配置还须有诗情画意。人们从历史传统文化中汲取营养，借鉴古典诗文的优美意境，创造出具有诗情画意的美景。植物选择在姿态和线条方面既要显示出自然美，也要能够表现出绘画的意趣（图1-3-177）。

图1-3-177 利用梅花营造优雅的环境氛围

2. 植物的表现形式

（1）盆景 类型：树桩盆景、山水盆景、水旱盆景、石玩盆景、树桩盆景等。选择标准：姿态优美、株矮叶小、寿命长、抗性强、易造型的植物（图1-3-178）。

（2）插花 插花是有生命的艺术品，其特点为：装饰性强、精巧美丽、随意性强、时间性强。插花艺术，依花材性质分为鲜花插花、干花插花、干鲜花混合插花、人造花插花等。插花艺术的基本构图形式有：对称式构图、不对称式构图、盆景式构图和自由式构图形式（图1-3-179）。

图1-3-178 花草盆景

图1-3-179 干花插花艺术装饰室内空间

（3）造景 造景是以自然乔、灌、藤、草本植物群落的种类、结构、层次和外貌为基础，通过艺术手法，充分发挥其形体、线条、色彩等自然美进行创作，形成室内绿化综合景观，让人产生一种实在的美的感受和联想（图1-3-180）。

3. 室内空间绿化的布置方式

室内空间绿化的布置在不同的场所，有不同的要求，应根据不同的任务、目的和作用，采取不同的布置方式。随着空间位置的不同，绿化的作用和地位也随之变化，室内空间绿化的布置，应从平面和垂直两方面进行考虑，使其形成立体的绿色环境。室内绿化可按点、线、面三种方式进行配置。

图1-3-180 室外化的室内绿化空间

（1）点状绿化 点状绿化主要是指独立式或成组设置的盆栽、灌木和乔木等，以其形、色、质的特有魅力来吸引人们，有较强的装饰性和观赏性。这是许多厅室常采用的一种布置方式，点状绿化的植物，可以布置在室内地面、桌面、几案和柜子上，还可以吊在空中，形成上下呼应的局面（图1-3-181、图1-3-182）。

图1-3-181 某空间点状布置的绿化植物

（2）线状绿化　线状绿化是指绿化布置成线性排列，可分为直线式布局和曲线式布局，往往是同一种植物，如连续的盆栽、花草及绿篱等。其主要作用是分隔空间或强调空间的方向性。配置线状绿化要顾及空间组织和形式构图的要求，常与地面结合设计，并以此作为依据，决定绿化的高低、长短和曲直，使其产生一种自然美和动态美（图1-3-183）。

图1-3-182　成组设置装饰性较强的点状绿化

图1-3-183　某空间线状绿化布置

（3）面状绿化　用植物组成不同的面的形态，以弥补因家具的精巧而带来的单薄，面有直面和曲面之分，直面有较强的秩序感，曲面抒情味更强。面状绿化常用作背景，如面积较大的草坪，成片栽植的乔木，成片的攀援植物，大面积吊于天花下面的藤蔓植物（图1-3-184、图1-3-185）。

a）

b）

图1-3-184　藤蔓植物垂直面绿化

（4）综合式绿化　综合式绿化通常是指点、线、面结合而构成的绿化形式。一般用于内厅和大型厅堂，构成应注意高低、大小、聚散等的整体变化（图1-3-186）。

4. 室内植物选择与类型

（1）室内植物选择

不同的植物品类，对光照、温湿度的需求均有差别。在室内选用植物时，应首先考虑如何更好地为室内植物创造良好的生长环境，提供更多的日照条件，采用多种自然采光方式，尽可能挖掘和开辟更多的地面或楼层的绿化种植面积，创造具有绿色空间特色的建筑体系，选择室内植物时还需考虑以下问题：

图 1-3-185　草坪花灌水平面绿化　　　　　图 1-3-186　综合式绿化布置

1）不同的植物形态和不同室内风格有着密切的联系。不同的植物形态、色泽、造型等会表现出不同的性格、情调和气氛，如庄重感、雄伟感、潇洒感、抒情感、华丽感、淡泊感、幽雅感……应和室内要求的气氛达到一致。

2）考虑植物在空间的作用。如分隔空间，限定空间，引导空间，填补空间，创造趣味中心，强调或掩盖建筑局部空间，以及植物成长后的空间效果等。

3）根据空间的大小，选择植物的尺度应和室内空间尺度及家具获得良好的比例关系。

4）植物的色彩选择应和整个室内色彩取得协调，鲜艳美丽的花叶，可为室内增色。

5）如面向室外花园的开敞空间，被选择的植物应与室外植物取得协调。

6）种植植物容器的选择，应按照花形选择其大小、质地，不宜遮掩植物本身的美。

（2）室内植物类型　室内植物种类繁多，大小不一，形态各异，常用的室内观叶、观花植物如下（图 1-3-187）：

1）木本植物：印度橡胶树、垂榕、蒲葵、假槟榔、苏铁、诺福克南洋杉、棕竹、龙血树、象脚丝兰、山茶花、鹅掌木、棕榈、广玉兰、海棠、桂花、栀子花等。

2）草本植物：龟背竹、海芋、金皇后、银皇帝、广东万年青、红掌、火鹤花、菠叶斑马、金边五彩、虎尾兰、文竹、秋海棠、非洲紫罗兰、水竹草、兰花、吊兰、水仙、春羽等。

a）　　　　　　　　b）　　　　　　　　c）　　　　　　　　d）

图 1-3-187　室内常用绿化植物
a）常春藤　b）吊兰　c）蝴蝶兰　d）文竹

3）藤本植物：大叶蔓绿绒、黄金葛、绿串珠、常春藤等。

4）肉质植物：彩云阁、仙人掌、长寿花等。

5. 室内景园

（1）室内景园的种类

1）植物景园。利用植物花木的栽植和盆栽组摆，可以构成自然式植物景园、花池、盆景园、草地园、蔓生园、岩石园、水生植物园及模拟植物园等形式的景园（图1-3-188）。

2）石景园。这种景园也可叫做石景，常用的石材有石笋、蜡石、钟乳石、英石、湖石。国外目前有以塑料仿制中国园林中的自然山石，异常逼真，减轻了巨石的重量与底层的荷载（图1-3-189）。

图1-3-188　植物景园

图1-3-189　石景园

3）水景园。以水为庭，是我国传统庭院设计中的主要形式之一，室内水景式庭院在现代被广为应用，但东西方在水景应用上有所区别（图1-3-190）。

4）以赏声为主的景园。鸟鸣、水声、风声、涛声、琴声等声音，会使该园景更加有情趣。国外还配合声光技术。室内造景，常采用庭院的形式（图1-3-191）。

图1-3-190　水景园

图1-3-191　以赏水声为主的景园

（2）室内庭园的创造　造园内容，包括堆山叠石、理水、花卉、树木、植被和建筑小品等。室内庭园是园林中新兴的一个重要的特殊组成部分，是现代居住环境新的生活体现。庭园设计内容，主要是造景、组景，而造景之前必先立意，而立意之关键在于庭园景观意境的创造。

园林景观还是一个丰富的艺术综合体，它将文学、绘画、雕塑、工艺美术及书法艺术等融合于一身，创造出一个立体的、动态的、令人目不暇接的艺术世界。也就是说，艺术的感染力产生于山形、水流、植物等人化的自然美和建筑及其环境的关系之中，它体现了中国古代文化、文学、艺术的高水平，直接影响到造园理论的发展，使园林的布局和造景达到了很高的境界。

1）堆山叠石。"仁者乐山"，自古以来，山的品质一直被人们悦情畅怀。因此，造园作品中，堆山叠石处处可见，几乎已经成为我国造园作品中不可少的一大景观。

石山的空间布局及造型的艺术要求有"十要"：宾主、层次、起伏、曲折、凹凸、顾盼、呼应、疏密、轻重、虚实。"二宜"：一宜朴素自然；二宜简洁精练。人工造山，是以大自然为师，是真山的艺术性再现。假山大体上有两大类型：一是写意假山，一是相形假山。山是造园的骨架，有了山才能"绿影一堆"。

自然界的石头种类繁多，用于造园的常有湖石、黄石、宣石、灵璧石、虎皮石、北方大青石、卵圆石、剑石等。每种石头都有它自己的石质、石色、石纹、石理，各有自然的形体轮廓。而不同形态和质地的石头，便自有它们不同的性格。

太湖石产于江苏太湖洞庭西山一带的水中，为石灰岩，结合湖石的外形形态和内蕴的品格美，人们概括出："瘦、绉、漏、透、清、顽、丑、拙"的绝妙评语。湖石的形体玲珑剔透，用它堆叠假山，情思绵绵。

黄石类，如浙江黄石、华南腊石、西南紫砂石等，特点是棱角分明，质地浑厚、刚毅。用它堆叠假山，嵯峨棱角，峰峦起伏，给人的感觉是朴实、苍润。

北方大青石，以产于常州黄山的最佳，厚重粗朴，轮廓呈折线，苍劲嶙峋，具有阳刚之美。

卵圆石类，石形浑圆坚硬，风化剥落，多产自海边、河谷，属花岗岩和沙砾岩。

剑石类、剑状峰石，如江苏武进斧劈石、浙江白果石、北京青云片等，钟乳石则称石笋或笋石。

叠石的运用，一般是叠石成山或叠石驳岸（图1-3-192）。

① 叠石成山，造园作品中叠石成山一般选用较坚硬又美观的石块，因其目的的不同，采用的叠法和选用的石料相应有所变化，这样才能做到预期的审美效果。

② 叠石驳岸，一般采用横石叠砌。横石叠砌与水平面、水岸边线形成一条横线，和谐统一。岸边的石块，以其质地的坚、硬、重与水的柔、顺、轻形成对比，岸边石的静与水的动形成对比，达到对立统一的美的境

图1-3-192　室内空间中的叠石景观

界。驳岸石横卧，从而降低了叠石的高度，使得水面更显辽阔，给人以美感。

园林中可以无山，却不能无石。点石是堆山叠石的一种补充，在水际、路边、墙角、草地、树间点上几块石头，只要运用得好，立即会打破呆板、平庸的格局，产生点缀不凡的艺术效果，别有情趣。

2）水体设计。"智者乐水，仁者乐山"。山水是自然美的典型，水因其含蓄蕴藉而受人喜爱。园林理水是利用水的色、形、姿、声、光等构成的物象，给人以美的享受。水景已成为现代庭园和室内的重要景观之一，水池、溪流、飞瀑、喷泉、壁泉，形式多样，规模也可大可小，应按庭园的环境，恰当选择。主要水景形式有以下几种。

水池：建筑水体中常用的形式之一，常模拟大自然中的天然水池，与绿化和山石共同组成景观，在室内常起到丰富和扩大空间的作用。

瀑布：一种垂直形态的水体，多用水幕形式，配以山石、植物共同构成组合景观，动感强烈，飞流直下。模仿自然界瀑布，增添山色、水声之美，人造瀑布造得巧妙，可深得自然之趣。往往构成环境中的主体趣味中心。图1-3-193为某庭院中的瀑布，气势不凡，引人入胜。

喷泉：环境设计中常用的一种水体形态，它种类颇多，尤其是现代喷泉，由于结合了声、光、电后，使喷泉显得更为新奇，更为好看，有些喷泉甚至有演示功能，为更多高级场所使用（图1-3-194）。

图1-3-193　庭院中的假山瀑布　　　　　图1-3-194　某内庭中的喷泉水景

涌泉：从地面、石洞或水中涌出的水体，既有对天然涌泉的艺术加工，又有模仿自然的创作。它使静态的水体略增动感，调节动静关系。

落泉：将水引入高处，然后自上而下层层叠落下来。落泉常和石级、草木结合造景，有时也与山石、石雕相配合，构成有声有色的美妙场景，常被用于广场及宾馆大堂内。

涧溪：涧溪多用于山石、小品组合造景，溪水蜿蜒曲折，时隐时现，时宽时窄，变化多姿，常作为联系两景点的纽带，形式细腻而富情感。

3）园林植物。植物是构建园林景观的基本物质要素之一。树木、花草在造园中构成优美的环境，渲染宜人的气氛，并且起衬托主景的作用。"寻常一样窗前月，才有梅花更不同"，通常造园家在完成地形改造之后，即着手配植树木花草。

庭园植物中有乔木、灌木、木本花卉、草本花卉、多浆植物、攀援藤本植物及地被植物等，在形、色、质、尺度等方面千差万别，千姿百态。应利用其高矮、粗细、曲直、色彩等因素，或孤植，或群栽，或点布，或排列，或露或藏，或隐或显，应使组景层次分明、高低有序、浓淡相宜、彼此呼应。花木与环境的不同组合，总是体现着园艺家的精巧构思，它们创造出的各具特色的意境，则体现着园艺家的匠心独具。一草一木，倾注着人们深沉的感情，传达出自己的理想、品格等精神追求，达到花木与环境，人与自然的和谐统一，营造符合自己审美理想的园林艺术境界。

【项目实训】 室内空间界面设计

1. 实训目的

通过学习与实训，使学生熟悉室内界面处理的原则，掌握室内空间界面处理的方法技巧。还要注意区分空间界面的共性特点和个性要求。运用所学的界面处理知识，结合空间功能要求，对室内界面进行装饰设计，创造出优美的主题墙面。使学生掌握室内空间与界面设计的基本方法。

2. 项目实训条件与实训要求

各校可根据教学实际情况，给定适合的设计题目，完成下列内容：

1）立面图（1:50）。应突出背景墙设计，表达出尺寸、材料做法、主要的家具设备等。

2）简要设计说明，约200字左右。

本课题可安排课内 + 课外完成。

界面的设计处理包括造型设计、材料选择、色彩搭配等方面，首先应满足功能要求，如电视背景墙设计应考虑视听环境的营造（不能造成光线污染），形成空间的视觉中心，整体风格可根据环境性质来确定。

要求掌握电视主题墙的重要性，体会客厅的设计理念。要尽可能体现对室内空间与整体设计风格的把握，并能满足业主对生活情趣与文化品位等方面的要求。

3. 实训过程步骤、方法

1）分析项目设计任务书。

2）搜集并阅读设计规范与参考资料、素材。

3）准备项目资料，熟读建筑图纸。

4）测绘房屋原始数据，观测和记录现场特征。

5）绘制设计草图，沟通初步设计意向。

6）绘制方案设计正图。

7）绘制方案设计效果图。

8）完成设计说明。

4. 项目工作任务评价

对于任务完成的质量给予优、良、中、及格、不及格的评价。

评分标准如下：

1）功能性（30分）。

2）装饰形式（20分）。

3）表达效果（20分）。

4）设计说明（10分）。

5）制图（20分）。

【思考与练习】

1. 简述室内空间的类型。

2. 室内空间分隔方式有哪几种？

3. 空间序列的全过程一般可以分为哪几个阶段？

4. 室内空间界面处理包括哪几方面的内容？

5. 一般情况下顶界面设计可分为哪几种形式？

6. 家具在室内设计中的作用有哪几个方面？

7. 简述室内陈设的作用。

8. 室内陈设的陈设方式有哪几种？

9. 室内空间色调一般分为哪几类？

10. 依灯具的布局方式可分为哪几种照明方式？

11. 简述室内绿化的作用与绿化布置方式。

课题 4　建筑装饰设计表达

1.4.1　建筑装饰设计图的表现种类及其表现特点

建筑装饰设计表现是设计的重要组成部分，设计师的创意最后要在表现当中体现，它也是与业主沟通的重要途径。装饰设计图的表现种类繁多，有手绘制图、有计算机制图，不同的表现方法表现出来的效果也各不相同，下面我们就介绍几种常见的设计表现方法。

1. 手绘快速表现

快速表现是建筑装饰设计中频繁使用的一种表现方式，为设计师提供形象化的思维过程和固定瞬间即逝的创意，在与业主交流过程中也可以快速地沟通解决问题。钢笔速写配合彩色铅笔或马克笔是比较常用的手段。

徒手绘制设计图是每个设计师必备的基本能力，手绘是设计师用来表达设计意图、传达设计理念的手段，在室内、外装饰设计过程中，它既是一种设计语言，又是设计的组成部分，是从意到图的设计构思与设计实践的升华。

（1）手绘平面图　在学习制图的时候，通常都会先学习徒手绘制平面图，这是每个设计师必备的基本能力。手绘平面图可以帮助我们更好地认识、理解平面图，可以帮助我们在以后的设计中更好地表达自己的想法（图1-4-1）。手绘平面图通常需要借助一些工具，除了必需的纸笔之外，画板、丁字尺也是必要的辅助工具。平面图的绘制要求比较严格，必须按照规范的制图标准画。

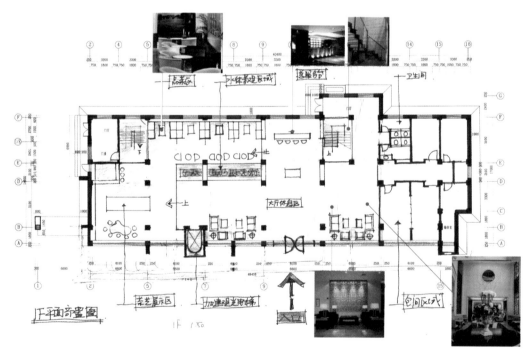

图1-4-1　某餐厅手绘设计平面图

在设计师的实际工作中第一步就是量房，这个时候就体现出手绘平面图的用处，用最快的方法临场记录下房间的形状、尺寸，没有比现场徒手绘制更便捷的方法了。

（2）手绘效果图 当我们要确定室内设计构思方案，完善设计时，往往需要用效果图来表现室内造型的预想形象，以供设计研究、工程招标、工程施工之参照。手绘效果图包括了具象的室内外速写，空间形态的概念图解，功能分析的图表，抽象的几何线形图标，室内空间的平面图、立面图与剖面图，空间发展意向的透视图等。效果图主要是设计师对该设计课题的设计理念与艺术修养的体现，它用快速、准确、简约的方法与之适应的技法将设计师大脑中瞬间产生的某种意念、思想、形态迅速地在图纸上记录并表达出来，并以一种可视的形象与业主进行视觉交流与沟通，为该工程合约的签订打下了良好的基础。在这个过程中，设计师通过眼（观察）、脑（思考）、手（表现）高度的结合，用图解思考与综合多元的思维方法，将其设计创意、设计理念表现出来。

在一个设计没有完全成形之前，用手绘的方式把自己的思想表达出来，不仅有利于深入设计，还可以让设计师从中发现自己的不足，使自己的设计方案更加完美。当然，最重要的还是便于跟客户沟通，通过对客户描述的理解，把客户的语言表现在纸上，以方便进一步了解客户的需求。

手绘设计表现也已由传统的精绘表现逐渐转为快速表现，设计表现已经成为设计师收集资料、训练观察能力、深化设计素养、提高审美修养、培养创作激情和迅速表达设计构思的重要手段，要求熟练地掌握透视图的画法，了解有关的工具及表现技法，了解不同表现技法的特点及技巧，掌握基本技法，掌握材质与配景表现技法。各种表现技法之间仅是工具的不同，它们的艺术规律都是相通的，要能够运用正确的方法快速表达自己的设计意图。环境艺术表现技法是设计构思的图像化表达构成、方法和技巧。

下面介绍几种常见的手绘设计表现手法：

1）素描效果图表现手法。素描效果图是一种以线条来体现室内结构轮廓来表现室内气氛的方法。线可以用钢笔线、铅笔线等各种颜色的线条，一般选用与淡彩相协调的重色勾线，通过不同线形勾画结构，简单表现出室内主要色调及明暗关系。线的粗、细、疏、密、浓、淡可以把画面更生动化、艺术化（图1-4-2）。

2）马克笔效果图表现手法。马克笔是一种带有各色染料甲苯溶液的绘图笔，有粗细之分，色彩系列丰富，多达120多种，并有金、银、黑、白等色，作画时利用纸张的性质来发挥特有的笔触，用笔肯定。但马克笔不易修改，需要在表达时做到心中有数。马克笔表现形式多样，是手绘效果图中既快又方便的表现形式。使用比较普遍。马克笔的颜色为透明色，一般不会覆盖黑线，可

图1-4-2 素描效果图表现

图片来源：http://www.hui100.com/Photo

重复叠压，使深度加重，但不可重复多次，以免影响画面效果。马克笔在上色时要快。不要长时间停顿，运笔要流畅。如图 1-4-3 这幅画，画得很逼真，画面生动，色彩鲜艳，整体用色和用笔都没有很花、很乱的感觉，整体效果相比之下很好。

3）彩色铅笔效果图表现手法。彩色铅笔画室内效果图，要选用笔芯硬度适中、色彩浓的彩色铅笔，其所含油质成分少，可自由重复及混合用色，用彩色铅笔表现画面要注重铅笔排线的方向与疏密关系，以及彩色叠加的丰富度。彩色铅笔可单独表现，也可以与淡彩结合，既有渲染的效果又有线条的挺括，表现效果独具特色。彩色铅笔最大的优点就是携带方便，

图 1-4-3　马克笔效果图表现

便于修改，容易掌握，也可为其他画法增添情趣。如图 1-4-4，画面色彩鲜艳，整体颜色搭配，空间感都不错。彩铅上色时，由于着力的不同，可自然表现出浓淡变化，便于掌握。

图 1-4-4　彩色铅笔效果图表现

图片来源：http：//www. hui100. com/Photo

其他的表现手法还有：钢笔淡彩、水彩、水粉、喷绘等。不同的表现手法，表现出的效果各不相同，可根据个人喜好选择适合自己的手绘表现手法。

2. 计算机制图

随着科技的不断发展，计算机制图越来越多地应用于设计领域，是较为先进的表现手段，有三维表现图和动画虚拟漫游两种。常用的制图软件有 AutoCAD、3Dmax（3D）、Light-scape、Photoshop，Photoshop 的后期制作可以让表现图更加精彩和引人入胜，还可以修复 3D中的某些不足。动画虚拟漫游对设备的要求和技术都很高，还需要视频剪辑软件。当然，计

算机渲染只是设计的辅助，仅仅是表现设计效果而已，它不可能代替设计本身。

（1）AutoCAD　这是一款非常常用的平面图绘制软件，AutoCAD 软件具有如下特点：

1）具有完善的图形绘制功能。

2）有强大的图形编辑功能。

3）可以采用多种方式进行二次开发或用户定制。

4）可以进行多种图形格式的转换，具有较强的数据交换能力。

5）支持多种硬件设备。

6）支持多种操作平台。

7）具有通用性、易用性，适用于各类用户。此外，从 AutoCAD2000 开始，该系统又增添了许多强大的功能，如 AutoCAD 设计中心（ADC）、多文档设计环境（MDE）、Internet 驱动、新的对象捕捉功能、增强的标注功能，以及局部打开和局部加载的功能，从而使 Auto-CAD 系统更加完善。

通过对这款软件的特点了解，我们不难看出，它的功能非常强大，可以帮助我们很好地绘制出平面图、立面图、剖面图等，是我们在做设计时必备的制图软件（图1-4-5）。

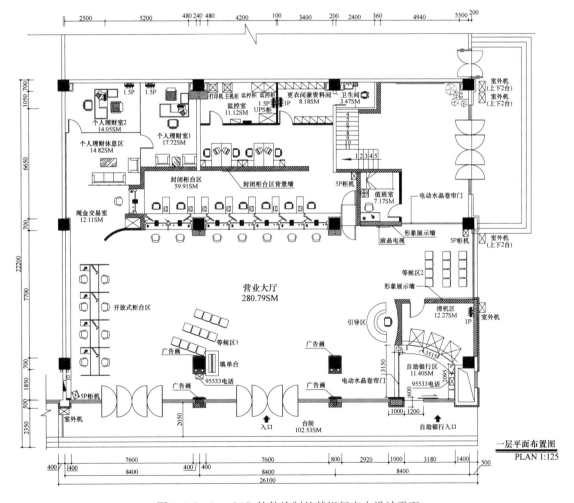

图 1-4-5　AutoCAD 软件绘制的某银行室内设计平面

（2）3Dmax   3Dmax 是一款三维动画渲染和制作软件，设计师可以用该软件模拟室内三维立体空间模型，并对空间进行设计，通常用于设计完成后的效果图。这款软件可以充分地把设计师的设计思想具体化，基本可以呈现设计实施后的效果，所以也是设计师们进行设计时必不可少的软件之一（图 1-4-6）。

图 1-4-6   3Dmax 软件制作的某办公室室内设计效果图

（3）Photoshop   Photoshop 是一款平面设计制作软件，我们同样可以利用它来做效果图后期处理，很多人为了在 3Dmax 中渲染得更轻松一些，有些可以在 Photoshop 中处理的效果就不在 3D 中建模了，这样可以节省渲染时间，再加上 3Dmax 里渲染出的效果图多多少少还会有一些细节上的不足，那么就可以通过 Photoshop 去进一步完善美化。

1.4.2   方案设计的表达

1. 方案设计的目的与作用

室内设计表达是室内设计的重要组成部分，设计师的创意最后要在表现中体现，它也是与业主沟通的重要途径。方案设计是对设计对象的规模、生产等内容进行预想设计。目的在于对设计的项目存在的或可能要发生的问题，事先做好全盘的计划，拟定解决这些问题的方法。方案设计的作用是与业主和各工种进行深入设计或讨论施工方法，互相协作的共同依据。

2. 方案设计的过程

方案设计通常包括以下三个环节：

1）了解项目。

2）项目分析。

3）方案设计。

3. 方案设计的表达方式

方案设计的表达方式有很多种，通常就是运用方案图册、实物模型及三维动画的形式来进行交流和沟通。

1）方案图册通过文字和图形的表达方式对设计意图准确地描述和计划。

方案图册的表达方式很多，图文属于平面的表达方式，除了用手写和画之外，与照相机、计算机、扫描仪等高科技的结合运用，会出现很多种形式，而且很方便，可以随设计者的意愿轻松地表达出创意意图。方案图册是很灵活方便的一种形式。在众多的形式中，手绘又是最方便和有效的方式，很直接地就可以表达设计想法，而且把自己的个性很好地表现出来，手绘的独特性、艺术性、偶然性的表现特点是计算机绘图无法比拟的。

2）实物模型能以三度空间的表现力表现一项设计，观者能从各个不同的角度看到建筑物的体形、空间等及一切周围环境，因而能在一定程度上弥补图纸表达的局限性。

现代设计复杂的功能要求，全新技术手段与巧妙的艺术构思常常需要借助难以想象的空间形态，仅用图纸是难以充分表达它们的。设计师常常在设计过程中借助模型来酝酿、推敲和完善自己的设计作品，这种表达方式很直观，在大的整体上很容易把握。缺点是比较麻烦，虽然做模型的工具和材料越来越先进和齐全，但还是要耗费相对较大的精力和物力。

3）三维动画是运用 3D max 软件建模，然后通过渲染，得到连贯的画面，模拟人的行为和视角，给人接近真实的世界感受，从而探讨空间设计的完美性。

就如放电影一样，三维动画模拟方案可直观地再现设计方案实施后的场景，比较直观。但建模的过程和渲染的过程相对费时较多，所以一般在方案基本确定后再做三维动画，但局部的细节调整还是比较方便的。

4. 方案图册的主要内容

（1）平面图　平面图是基础的表现，根据建筑物的内容和功能使用要求，结合自然、经济、技术等条件来确定房间的大小和形状，确定房间与房间及室内与室外之间的分隔与联系方式，以及平面布局，使建筑物的平面组合满足实用、经济、美观和结构合理的要求。

（2）立面图　立面图是设计过程中的常用图例，可以表现设计的概念意图和艺术氛围。根据建筑物的性质和内容，结合材料、结构、周围环境特点及艺术表现要求，考虑建筑内部的空间形象、外部的体形组合、立面构图及材料质感、色彩处理等，使建筑物的形式与内容统一，创造良好的建筑艺术形象，以满足人们的审美要求。

（3）透视图　透视图是根据人的视觉习惯，以建筑制图原理为基础的一种估计透视方法而绘制的透视图，可以快速、准确地表现出室内场景。室内设计的透视图通常以一点透视（又称为平行透视）和两点透视（又称为成角透视）为主。

（4）效果图　效果图是以透视图为骨架，绘画技巧为血肉的表达方式。效果图可使人们看到实际的室内环境，它是一种将三角空间的形体转换成具有立体感的二度空间画面的绘图技法，将设计师预想的方案比较真实地再现。

（5）剖面图　剖面图根据功能与使用方面对立体空间的要求，结合建筑结构和构造特点来确定房间各部分高度和空间比例；考虑垂直方向空间的组合和利用；选择适当的剖面形式，进行垂直交通和采光、通风等设计，使建筑物立体空间关系符合功能、艺术、技术和经济的要求。

1.4.3　建筑装饰设计施工图的绘制与要求

建筑装饰设计的施工图,即装饰工程施工图,是按照装饰设计方案确定的空间尺度、构造做法、材料选用、施工工艺等,并遵照建筑及装饰设计规范所规定的要求编制的用于指导装饰施工生产的技术文件。装饰工程施工图同时也是进行造价管理、工程监理等工作的主要技术文件。装饰工程施工图按施工范围分为室内装饰施工图和室外装饰施工图。

装饰工程施工图一般由装饰设计的总说明、平面布置图、楼地面平面装饰施工图、顶棚装饰施工图、室内立面图、建筑装饰详图等图样组成,其中平面布置图、楼地面平面装饰施工图、顶棚装饰施工图、室内立面图为基本图样,表明装饰工程内容的基本要求和主要做法;墙(柱)面装饰剖面图、装饰详图等为装饰施工的详细图样,用于表明细部尺寸、凹凸变化、工艺做法等,图纸的编排也以上述顺序排列。

1. 装饰设计的总说明

在装饰工程施工图中,一般应将工程概况、设计风格、材料选用、施工工艺、做法及注意事项,以及施工图中不易表达、或设计者认为重要的其他内容写成文字,编成设计说明,即施工的总说明。

2. 平面布置图

平面布置图是装饰工程施工图中的主要图样,它是根据装饰设计原理、人体工学及用户的要求画出的,用于反映建筑平面布局、装饰空间及功能区域的划分、家具设备的布置、绿化及陈设的布局等内容的图样,是确定装饰空间平面尺度及装饰形体定位的主要依据。常用比例为 1:50,1:100 和 1:200。

平面布置图中剖切到的墙、柱轮廓线等用粗实线表示,未剖切到但能看到的内容用中粗实线表示,如家具、地面分格、楼梯台阶等。在平面布置图中门扇的开启线宜用细实线表示。平面布置图的绘制步骤如下:

1)选比例,定图幅。

2)画出建筑主体结构,标注其开间、进深、门窗洞口等尺寸,标注楼地面标高。

3)画出各功能空间的家具、陈设、隔断、绿化等的形状、位置。

4)标注装饰尺寸,如隔断、固定家具、装饰造型等的定型、定位尺寸。

5)绘制内视投影符号、详图索引符号等。

6)注写文字说明、图名比例等。

7)检查并加深、加粗图线。剖切到的墙柱轮廓、剖切符号用粗实线,未剖到但能看到的图线,如门扇开启符号、窗户图例、楼梯踏步、室内家具及绿化等用细实线表示。

8)完成作图。

3. 楼地面平面装饰施工图

楼地面平面装饰施工图同平面布置图的形成一样,所不同的是地面布置图不画活动家具及绿化等布置,只画出地面的装饰分格,标注地面材质、尺寸和颜色、地面标高等。

楼地面平面装饰施工图的常用比例为 1:50,1:100,1:150,图中的地面分格采用细实线表示,其他内容按平面布置图要求绘制。

(1)楼地面平面装饰施工图的图示内容　楼地面平面装饰施工图主要以反映地面装饰分格、材料选用为主,图示内容有:

1）平面布置图的基本内容。

2）室内楼地面材料选用、颜色与分格尺寸及地面标高等。

3）楼地面拼花造型。

4）索引符号、图名及必要的说明。

（2）楼地面平面装饰施工图的绘制

1）选比例、定图幅。

2）画出建筑主体结构，标注其开间、进深、门窗洞口等尺寸。画出楼地面面层分格线和拼花造型等（家具、内视投影符号等省略不画）。

3）标注分格和造型尺寸。材料不同时用图例区分，并加引出说明，明确做法。

4）细部做法的索引符号、图名比例。

5）检查并加深、加粗图线，楼地面分格用细实线表示。

6）完成作图。

4. 顶棚装饰施工图

顶棚装饰施工图也叫做顶棚平面图，是以镜像投影法画出的顶棚形状、灯具位置、材料选用、尺寸标高及构造做法等内容的水平镜像投影图，是装饰工程施工图的主要图样之一，常用比例为 1:50，1:100，1:150。

顶棚平面图采用镜像投影法绘制，其主要内容有：

1）建筑平面及门窗洞口，门画出门洞边线即可，不画门扇及开启线。

2）顶棚的造型、尺寸、做法和说明，有时可画断面图并标注标高。

3）室内顶棚灯具符号及具体位置（灯具的规格、型号、安装方法由电气施工图反映）。

4）室内各种顶棚的完成面标高（按每一层楼地面为 ±0.000 标注顶棚装饰面标高，这是实际施工中常用的方法）。

5）与顶棚相接的家具、设备的位置及尺寸。

6）窗帘及窗帘盒、窗帘帷幕板等。

7）空调送风口位置、消防自动报警系统及与吊顶有关的音视频设备的平面布置形式及安装位置。

8）图外标注开间、进深、总长、总宽等尺寸。

5. 室内立面图

室内立面图的图示内容：

1）室内立面轮廓线，顶棚有吊顶时可画出吊顶、叠级、灯槽等剖切轮廓线（粗实线表示），墙面与吊顶的收口形式，可见的灯具投影图形等。

2）墙面装饰造型及陈设（如壁挂、工艺品等），门窗造型及分格，墙面灯具，暖气罩等装饰内容。

3）装饰选材、立面的尺寸标高及做法说明。图外一般标注一至两道竖向及水平向尺寸，以及楼地面、顶棚等的装饰标高；图内一般应标注主要装饰造型的定型、定位尺寸。做法标注采用细实线引出。

4）附墙的固定家具及造型（如影视墙、壁柜）。

5）索引符号、说明文字、图名及比例等。

6. 建筑装饰详图

装饰详图一般采用 1:1 ~ 1:20 的比例绘制。在装饰详图中剖切到的装饰体轮廓用粗实线，未剖到但能看到的投影内容用细实线表示。

装饰详图按其部位分为：

1）墙（柱）面装饰剖面图，其表现室内立面的构造，着重反映墙（柱）面在分层做法、选材、色彩上的要求。

2）顶棚详图，主要用于反映吊顶构造、做法的剖面图或断面图。

3）装饰造型详图，独立的或依附于墙柱的装饰造型，表现装饰的艺术和情趣的构造体，如影视墙、花台、屏风、壁盒、栏杆造型等的平面、立面、剖图及线角详图。

4）家具详图，其主要表现需要现场制作、加工、油漆的固定式家具，如衣柜、书柜、储藏柜等，有时也包括可移动家具如床、书桌、展示台等。

5）装饰门窗详图。门窗是装饰工程中的主要施工内容之一，其形式多种多样，在室内起着分割空间、烘托装饰效果的作用，它的样式、选材和工艺做法在装饰图中有特殊的地位。其图样有门窗及门窗套立面图、剖面图和节点详图。

6）楼地面详图，反映地面的艺术造型及细部做法等内容。

7）小品及饰物详图，其包括雕塑、水景、指示牌、织物等的制作图。

1.4.4　展板制作方法与要求

展板是展示设计方案的常用方法，对于设计专业的学生来说，展板的主要内容是展示、宣传和交流专业课程学习成果和亮点。展板要求图文并茂，图像清晰，文字准确，版面设计美观大方，有一定的创意，能较好地表现设计主题。展板内容一般用 Photoshop 制作，通常靠大量图片配以简明的文字介绍来作为整个展板的主要内容，图片又以展示效果图为最佳，版面设计美观大方，就能很好地凸显主题。下面以毕业设计用展板为例进行介绍。

1. 展板内容

（1）设计方案效果图　效果图要能够完整反映设计方案的风格特色，有一定的创意亮点。图片在整个展板中所占的面积、位置及数量决定图片的重要性。设计点较多的空间可用更多的图片进行展示，在完成规定展示图片的数量的同时，要考虑展示图片的主次关系，能体现设计理念的重要图片可放在版面中较醒目的位置，同时可加重该图片在整个版面中的面积。

严禁使用抄袭、网络下载等不正当手段，要保证图纸的原创性。版面有限图纸不宜过多，但不能少于两张。尽量保持图面的色彩和谐，使其版面效果统一。

（2）平面 CAD 图、立面 CAD 图

平面 CAD 图和立面 CAD 图绘制需求如下：

1）平面、立面图纸，要能完整反映设计方案的空间布局、交通流向、主要用材等设计信息。

2）要求 CAD 图的线条清晰，线型使用正确，文字标注明确。

3）图纸数量：主要平面布置图 1~2 张，主要立面图 2~3 张。

（3）设计说明　在展板制作中，文字属于辅助图片的工具，所以切记不可以过多运用文字介绍。一般设计说明字数应控制在 200 字以内，毕竟展板是以图片展示为主，大片的文

字介绍不仅不能抓住观看者的视线，反而会使观看者产生一种喧宾夺主的感受，只留必要的文字介绍和设计者的信息即可。毕业设计展板应针对毕业设计方案的风格特点、设计思路、材料使用、环境和谐等方面进行说明，要求中心明确，结构紧凑。

2. 展板排版与打印

1）排版方面比较自由，可根据个人喜好或参照一些优秀的排版设计。尽量不要把所有的展示图片设计成统一大小，这样分不出展示的主次关系；也尽量不要把所有图片整齐排列，整齐地排列图片会使整个版面过于呆板。文字尽量围绕所介绍的图片，让观看者一眼就可以识别出某段文字是对应哪张图片的介绍，又或者是整体设计的介绍。文字可使用一些较美观的字体，除了标题，文字不可过大。

2）建议使用竖向排版，以保证毕业展览的布展视觉需要。

3）展板排版时，所使用的图片分辨率应不低于300dpi，以保证打印效果。

4）展板排版时，可以根据设计方案需要调整构图方式，但以下文字必须具备：

① 设计项目名称：需要注明本次设计方案的实际项目名称。

② 设计者姓名、专业、班级、指导老师等信息需要在展板上注明。

③ 学校名称。

5）打印尺寸120cm（长）×90cm（宽）。展板使用 KT 板打印，深色细边框装裱。

3. 展板制作要求

展板版面包括项目名称、项目团队信息和项目内容三部分，其中项目团队信息部分包括项目成员信息（包括姓名、年级、专业）和项目指导教师信息（姓名、职称、研究方向）。项目内容部分应对项目作出简要的介绍，包括项目概况、项目立意及项目设计成果等。

用 Photoshop 制作展板应保存为 JPG格式，版面设计，要求主题突出，图文并茂。展板内容要求文字和图片配合协调，版面饱满，避免过于空洞或拥挤。文字要求言简意赅，条理分明，详略得当（图1-4-7）。

图1-4-7　建筑装饰专业毕业设计展板

【项目实训】　展板设计制作

1. 实训目的

继室内空间设计课题完成了前期方案的概念定位、空间表现图之后的完善和最终表达。

展板设计与制作是整合方案设计整体以视觉语言的方式传达给观者，要求版式构成、色彩搭配等与方案本身达到有机整合。通过实训，训练学生装饰设计方案图面的整体表达能力，能够将自己的空间设计方案按照一定的尺寸标准形成构成独特、设计概念表达清楚的展板。

2. 实训作业要求

将作品要求内容编排在 841mm×594mm 的展板版心幅面范围内（统一采用竖式构图），须符合规定出图比例（否则为无效作业）。将展板的最终电子文档（保存为 JPG 格式，300dpi）。班级统一编辑板眉、板脚、输出和装裱。

3. 实训内容

1）空间设计空间效果图的筛选及后期处理。

2）空间设计 CAD 图的图片格式转换。

3）方案灵感素材组织及手稿处理。

4）展板尺寸、相素确定、PS 文件建立。

5）展板设计。

4. 任务评价

对于任务完成的质量给予优、良、中、及格、不及格等级的评价。

从以下几个方面进行评分：

1）装饰设计理念。

2）效果图表现效果。

3）CAD 图面效果。

4）展板构成。

5）色彩搭配。

6）主题表述。

7）图与底的关系、图与图的关系、图与文字的关系。

8）整体视觉效果。

【思考与练习】

1. 简述建筑装饰设计图的表现种类。

2. 方案设计的表达方式有哪几种？

3. 装饰工程施工图一般由哪些图样组成？

4. 顶棚装饰施工图绘制的主要内容包括哪些方面？

5. 室内立面图的图示包括哪些内容？

6. 简述展板制作方法与要求。

单 元 2

居住类建筑空间装饰设计与实训

【单元概述】

本单元主要阐述居住类建筑空间装饰设计基础知识，讲解公寓式住宅室内装饰设计的基本程序和具体工作流程，介绍别墅室内装饰设计的原则和方法，分析室内各个不同空间的设计要求及要点，并通过相应的案例加深读者的理解。

【学习目标】

通过本单元的学习，了解居住建筑的类型、设计影响因素与设计原则，了解居住建筑室内空间装饰的风格和流派，熟悉各种居住建筑空间的类型及特点，掌握其设计要求及要点。通过设计项目的训练，掌握各类居住建筑空间装饰装修设计的程序与方法，为以后的工作打下坚实的基础。

课题 1　居住类建筑空间装饰设计基础

居住类建筑是人类社会最早出现的建筑类型。随着社会生产的发展和生活内容的增加，逐渐形成了各式各样的居住建筑。近些年，城市住宅发生了很大变化，并联式、连排式、公寓式住宅和高层住宅迅速发展。居住类建筑进入了一个技术先进、设计科学的新阶段，随着社会结构、家庭结构及人们工作方式、生活方式的变化，住宅形式也日益多样化，呈现出多元化发展的态势。

2.1.1　居住建筑的类型

1. 按居住者的类别分类

居住建筑按居住者的类别可分为：一般住宅、高级住宅、青年公寓、老年公寓、集体宿舍等。

2. 按建筑高度分类

居住建筑按建筑高度可分为：低层住宅（1~3层）、中高层住宅（7~9层）、高层住宅（10层以上）、多层住宅（3~6层）等。

3. 按房型分类

居住建筑按房型分类可分为：

（1）单元式住宅　单元式住宅也叫梯间式住宅，是多、高层住宅中应用最广的一种住宅建筑形式。按单元设置楼梯，住户由楼梯平台进入分户门。

（2）公寓式住宅　公寓式住宅一般建在大城市里，多数为高层楼房，标准较高，每一层内有若干单户独用的套房，有的附设于旅馆酒店之内，供一些常住客商及其家属短期租用。

（3）花园式住宅　花园式住宅也称别墅，一般是带有花园和车库的独院式平房或二三层小楼，内部居住功能完备，装修豪华并富有变化。

（4）错层式住宅　错层式住宅是指一套室内地面不处于同一标高的住宅，一般把房内的厅与其他空间以不等高形式错开，高度不在同一平面上，但房间的层高是相同的。

（5）跃层式住宅　跃层式住宅是指一套占有两个楼层，上下层之间不通过公共楼梯而采用户内独用小楼梯连接的住宅。

（6）复式住宅　复式住宅一般是指每户住宅在较高的楼层中增建一个夹层，两层合计的层高要大大低于跃层式住宅，其下层供起居用，如炊事、进餐、洗浴等；上层供休息和储藏用。

4. 按户型分类

居住建筑按户型分类可分为：

（1）一居室　一居室属典型的小户型，特点是在很小的空间里合理地安排多种功能活动，消费人群一般为单身一族。

（2）两居室　两居室是一种常见的小户型结构，一般有两室一厅、两室两厅两种户型，方便实用，消费人群一般为新组家庭。

（3）三居室　三居室是较大户型，主要有三室一厅、三室两厅两种户型，功能设备较全。

（4）多居室　多居室属于典型的大户型，是指卧室数量超过四间（含四间）的住宅居室套型。

2.1.2　建筑装饰设计影响因素与设计原则

自从人类有了建筑活动，室内就成了人们生活的主要场所，人们开始对室内环境有所要求。随着社会的进步和发展，室内环境的要求也在不断更新发展与不断丰富多彩。室内设计的任务就是综合运用技术手段，考虑周围环境因素的作用，充分利用有利条件，积极发挥创作思维，创造一个既符合生产和生活物质功能要求，又符合人们生理、心理要求的室内环境。

1. 设计影响因素

（1）空间因素　空间的合理化并给人们以美的感受是设计基本的任务，设计师要勇于探索时代、技术赋予空间的新形象，不要拘泥于过去形成的空间形象。

（2）色彩因素　室内色彩除对视觉环境产生影响外，还直接影响人们的情绪、心理。科学的用色有利于工作，有助于健康。色彩处理得当既能符合功能要求又能取得美的效果。室内色彩除了必须遵守一般的色彩规律外，还随着时代审美观的变化而有所不同。

（3）光影因素　人类喜爱大自然的美景，常常把阳光直接引入室内，以消除室内的黑暗感和封闭感，特别是顶光和柔和的散射光，使室内空间更为亲切自然。光影的变换，使室内更加丰富多彩，给人以多种感受。

（4）装饰因素 室内整体空间中不可缺少的建筑构件，如柱子、墙面等，结合功能需要加以装饰，可共同构成完美的室内环境。充分利用不同装饰材料的质地特征，可以获得千变完化和不同风格的室内艺术效果，同时还能体现地区的历史文化特征。

（5）陈设因素 室内家具、地毯、窗帘等，均为生活必需品，其造型往往具有陈设特征，大多数起着装饰作用。陈设的实用和装饰两者应互相协调，求得功能和形式统一而有变化，使室内空间舒适得体，富有个性。

（6）绿化因素 室内设计中，绿化已成为改善室内环境的重要手段。室内移花栽木，利用绿化和小品以沟通室内外环境、扩大室内空间感及美化空间。

2. 室内装饰设计的基本原则

（1）室内装饰设计要满足使用功能要求 室内装饰设计是以创造良好的室内空间环境为宗旨，把满足人们在室内进行生产、生活、工作、休息的要求置于首位，所以在进行室内装饰设计时要充分考虑使用功能要求，使室内环境合理化、舒适化、科学化；要考虑人们的活动规律，处理好空间关系、空间尺寸、空间比例；合理配置陈设与家具，妥善解决室内通风、采光与照明的问题，注意室内色调的总体效果。

（2）室内装饰设计要满足精神功能要求 室内装饰设计在考虑使用功能要求的同时，还必须考虑精神功能的要求（视觉反映心理感受、艺术感染等）。室内装饰设计的精神就是要影响人们的情感，乃至影响人们的意志和行动，因此，设计的同时要研究人们的认识特征和规律；研究人的情感与意志；研究人和环境的相互作用。设计者要运用各种理论和手段去冲击、影响人的情感，使其升华达到预期的设计效果。室内环境如能突出地表明某种构思和意境，那它将会产生强烈的艺术感染力，更好地发挥其在精神功能方面的作用。

（3）室内装饰设计要满足现代技术要求 建筑空间的创新和结构造型的创新有着密切的联系，两者应取得协调统一，充分考虑结构造型中美的形象，把艺术和技术融合在一起。这就要求室内装饰设计者必须具备必要的结构类型知识，熟悉和掌握结构体系的性能、特点。现代室内装饰设计，它置身于现代科学技术的范畴之中，要使其能更好地满足精神功能的要求，就必须最大限度地利用现代科学技术的最新成果。

（4）室内装饰设计要符合地区特点与民族风格要求 由于人们所处的地区、地理气候条件的差异，各民族生活习惯与文化传统的不同，在建筑风格上确实存在着很大的差别。我国是多民族的国家，各个民族的地区特点、民族性格、风俗习惯及文化等因素的差异，使室内装饰设计也有所不同，设计中要有各自不同的风格和特点，要体现民族和地区特点以唤起人们的民族自尊心和自信心。

2.1.3 居住建筑空间装饰的风格与流派

关于装饰设计的风格和流派在第一单元内容中已经详细阐述，这里我们把目前广泛用到居住空间室内装饰设计的风格流派的艺术特点进行概括介绍，便于学习和参考。

1. 居住空间室内装饰设计的风格

（1）传统中式风格 传统中式风格讲究四平八稳，古典气韵，擅长在隔断上采取古典元素造型的家具，如博古架、玄关、装饰酒柜等构件。此外，这种风格的设计还频繁运用古玩、字画、匾额及对联等装饰品丰富墙面，在摆设上讲求对称、均衡等（图2-1-1、图2-1-2）。

图 2-1-1　传统中式风格（一）　　　　　　　图 2-1-2　传统中式风格（二）

（2）新中式风格　新中式风格在色调上，以红、黑、黄等最具中国传统的招牌色营造家居氛围，再衬以中国结、字画、青花瓷瓶、铜饰、屏风等传统元素。建材往往取材于自然，如木材、石头，尤其是木材，从古至今便是中式风格朴实的象征。此外，这种风格中亮色的频繁使用，玻璃、不锈钢与实木、岩石的适当搭配，使得整体的装饰古雅的同时又具有现代的格调（图 2-1-3）。

（3）日本"和式"风格　和式造型元素简约、干练，色彩平和，以米黄、白等浅色为主。室内家具小巧单一，尺度低矮。日式传统风格追求一种悠闲、随意的生活意境，

图 2-1-3　新中式风格

空间造型极为简洁，在设计上采用清晰的线条，空间划分中极少用到曲线，具有较强的几何感。居室的地面（草席、地板）涂料、天花板木构架、白色窗纸，均采用天然材料。门窗框、天花、灯均采用格子分割，手法极具现代感。它的室内装饰主要是和式的字画、浮士绘、茶具、纸扇、武士刀、玩偶及面具，更甚者直接用和服来点缀室内，色彩浓烈、单纯，室内气氛清雅纯朴（图 2-1-4、图 2-1-5）。

（4）伊斯兰风格　伊斯兰风格的特征是东、西方合璧，室内色彩跳跃、对比、华丽，其表面装饰突出粉画，彩色玻璃面砖镶嵌，门窗用雕花、透雕的板材作栏板，还常用石膏浮雕作装饰。砖工艺的石钟乳体是伊斯兰风格最具特色的手法。彩色玻璃马赛克镶嵌，可用于玄关或家中的隔断上（图 2-1-6、图 2-1-7）。

（5）北欧风格　北欧风格，是指欧洲北部五国挪威、丹麦、瑞典、芬兰和冰岛的室内装饰设计风格。其森林资源丰富，在装修中充分体现木材的木质纹理，在居室顶、墙、地面上使用和谐中性的浅灰基调色彩及纹理相互协调。北欧风格简洁、现代，符合年轻人的口味。营造北欧风格的居家空间，色调上应以浅色系为主，如白色、米色、浅木色等，而材质方面以自然的元素，如木材、石材、玻璃和铁艺等为主，设计中都无一例外地保留这些材质的原始质感（图 2-1-8）。

图 2-1-4　日本"和式"风格（一）　　　图 2-1-5　日本"和式"风格（二）

图 2-1-6　伊斯兰风格（一）　　　　图 2-1-7　伊斯兰风格（二）

（6）现代简约风格　现代简约风格运用新材料、新技术建造适应现代生活的室内环境，以简洁明快为主要特点；重视室内空间的使用效能，强调室内布置按功能区分的原则进行家具布置，与空间密切配合，主张废弃多余的、烦琐的附加装饰；在色彩和造型上追随流行时尚。现代简约风格的设计少了些繁杂，多了些纯净；少了些华丽，多了些简洁；少了些摆设，多了些实用功能（图 2-1-9）。

图 2-1-8　北欧风格　　　　　　图 2-1-9　现代简约风格

(7) 自然风格 自然风格倡导"回归自然",美学上推崇自然、结合自然。这种风格认为回归自然的设计才能在当今高科技、高节奏的社会生活中,使人们能取得生理和心理的平衡,因此室内多用木料、织物、石材等天然材料,显示材料的纹理,清新淡雅(图2-1-10)。

图 2-1-10 自然风格

(8) 地中海风格 这种风格给人一种古老而遥远的感觉,以其极具亲和力的田园风情和柔和的色调组合搭配。这种装修风格的居室,空间布局形式自由,颜色明亮、大胆、丰富又简洁,其装修设计重点是捕捉光线,取材天然的巧妙之处。蓝、白、黄、蓝紫、绿、土黄及红褐,是常见的主要色系。而这种纯美的色彩组合,便是让人们感受到舒适与宁静的最大魅力。对于久居都市,习惯了喧嚣的现代都市人而言,地中海风格给人们以返璞归真的感觉,同时体现了对于更高生活品质的要求(图2-1-11)。

图 2-1-11 地中海风格

(9) 后现代风格 后现代风格强调建筑及室内装潢应具有历史的延续性,但又不拘泥于传统的逻辑思维方式,探索创新造型手法,讲究人情味。这种风格的设计常在室内设置夸张、变形的柱式和断裂的拱券,或把古典构件的抽象形式以新的手法组合在一起,即采用非传统的混合、叠加、错位、裂变等手法和象征、隐喻等手段,以期创造一种融感性与理性,集传统与现代,揉大众与行家于一体的,"亦此亦彼"的建筑形象与室内环境(图2-1-12、图2-1-13)。

图 2-1-12 后现代风格（一） 图 2-1-13 后现代风格（二）

（10）混合风格 混合风格的设计总体上呈现多元化，兼容并蓄，虽然这种风格不拘一格，运用多种体例，但设计中仍然是匠心独具，深入推敲形体、色彩、材质等方面的总体构图和视觉效果。例如，传统的屏风、摆设和茶几，配以现代风格的墙面及门窗装修、新型的沙发；欧式古典的琉璃灯具和壁面装饰，配以东方传统的家具和埃及的陈设、小品等（图2-1-14）。

2. 居住空间室内装饰设计的流派

（1）高技派 高技派设计突出当代工业技术成就，并在建筑形体和室内环境设计中加以炫耀，崇尚"机械美"，在室内暴露梁板、网架等结构构件，以及风管、线缆等各种设备和管道，强调工艺技术与时代感（图2-1-15）。

图 2-1-14 混合风格 图 2-1-15 高技派

（2）白色派 白色派的室内朴实无华，室内各界面以至家具等常以白色为基调，简洁明确（图2-1-16、图2-1-17）。

（3）新洛可可派 新洛可可派仰承了洛可可派繁复的装饰特点，以精细轻巧和繁复的雕饰为特征，但装饰造型的"载体"和加工技术却运用现代新型装饰材料和现代工艺手段，从而具有华丽而略显浪漫，传统中仍不失有时代气息的装饰氛围（图2-1-18）。

（4）超现实主义派 超现实主义派的设计在室内布置中，常采用异常的空间组织、曲面或具有流动弧线形的界面、浓重的色彩、变幻莫测的光影、造型奇特的家具与设备，有时还以现代绘画或雕塑来烘托超现实的室内环境气氛（图2-1-19）。

图 2-1-16　白色派（一）

图 2-1-17　白色派（二）

图 2-1-18　新洛可可派

图 2-1-19　超现实主义派

　　（5）解构主义派　解构主义派的设计无中心、无场所、无约束，具有设计格调因人而异的任意性。建筑与室内的整体形式多表现为不规则几何形状的拼合，或者造成视觉上的复杂、丰富感，或者仅仅造成凌乱感（图 2-1-20）。

　　（6）绿色派　绿色派在内部空间设计时力求处理好自然能源的利用，在空间组织、装修设计、陈设艺术中尽量地利用自然元素和天然材质，不俗、简洁地塑造空间形象，创造出自然质朴的生活工作环境（图 2-1-21）。

图 2-1-20 解构主义派

图 2-1-21 绿色派

2.1.4 空间功能区域的划分及设计要求

居住空间的设计要体现"以人为本，亦情亦理"的设计理念，针对不同家庭人口的构成、职业性质、文化生活、业余爱好和个人情趣等特点，协调各功能区域之间的关系，各房室之间的组合关系，综合考虑住宅室内的交通流线、面积分配、各平面功能所需家具设施、平面与立面用材、风格与造型特征的定位、色彩与照明的运用等因素，使居住环境达到安全、舒适、艺术与业主审美统一的目的（图 2-1-22）。

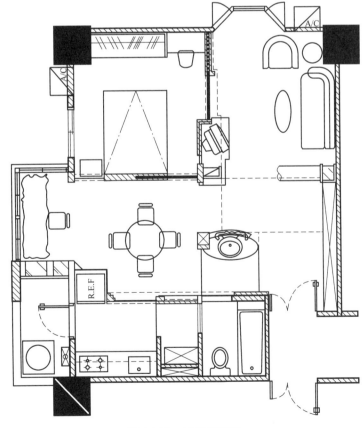

图 2-1-22 平面配置图

1. 住宅空间从使用性质上大致可分为三种不同的空间

（1）公共活动空间 公共活动空间（区域）是全家团聚、文娱、休息、进餐、户外活动，接待客人，对外进行社交的综合活动场所，是一个极富凝聚力的核心空间。公共活动空间不仅使家庭成员共享天伦之乐，使亲友联谊情感，而且可以调剂身心，陶冶性情。根据家庭结构和活动特点的差异性，公共活动空间又常常划分出客厅、餐厅、游戏室、家庭影院及活动平台等不同功能的空间。公共活动空间应有较好的环境和景观。

（2）私密性空间 私密性空间是专门为家庭成员进行私密性行为（如睡眠、休息、个人卫生、梳妆等）提供的空间，包括卧室、卫生间、浴室、衣物储藏等私密性极强的空间和书房、工作间等特定要求的静谧空间。此类空间的设置能充分满足家庭成员的个体需要和不同的心理需求，使他们与其他家庭成员之间能在亲密之外保持适度的距离，同时避免使用其他空间以造成干扰。私密性空间不但要针对多数人的共同的生理特点和心理趋向进行考虑，更要针对居住者个体性别、年龄、性格和爱好及其他特别因素而设计，因此，它更能体现出空间使用者的个性。一个完备的私密性空间应具有安全性、休闲性和创造性，应具有良好的日照和通风环境。

（3）家庭服务空间 家庭服务空间是家庭为进行膳食准备、洗涤餐具和衣物、清洁环境、修理设备等家务活动而提供的空间，在设计时应重视其功能性。例如，空间的大小能够满足设备尺寸和人的使用活动尺寸要求，空间的流线符合操作流程的要求，同时尽可能使用现代科技产品，以有效提高工作效率和消除疲劳，使家务活动者真正享受到劳动的乐趣。

2. 居住空间设计的要求

（1）住宅的室内空间功能完备 随着社会不断地进步及人们生活质量的提高，住宅的室内空间的功能已由单一的就寝、吃饭发展到休闲、娱乐、工作、会客、烹饪、休息等多种功能于一体的综合空间。因此，在设计时要充分考虑各种功能。

（2）室内空间布局合理 住宅的室内空间按照不同的分类方法可分为动静分区、干湿分区等。如何合理地划分室内各个功能空间，做到既能充分合理地使用室内面积，又能满足生活的各个功能，使之不相互冲突，这是室内设计中必须注意的问题（图2-1-23）。

（3）整体协调，突出重点 住宅设计在安全、舒适的前提下，应营造一个整体协调、风格统一，体现文化品位的室内环境，无论是室内的大环境还是装饰的细部都应是一个统一的整体，突出重点，层次分明。

（4）以人为本，舒适实用 住宅设计应该充分考虑居住者实际使用需求，设计者在协调好室内环境功能因素的同时，应创造出具有良好空间氛围的、舒适的居住空间环境。

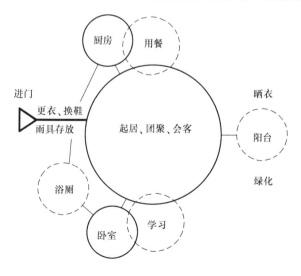

图 2-1-23 空间流程图

2.1.5 不同功能区域的设计要点

要室内不同区域空间能最大限度地满足其使用功能，需要设计师在一定的空间中进行再创造，设计出具有丰富内涵的空间环境。

1. 玄关和客厅

（1）玄关 玄关是指靠近大门的区域，可以是一个封闭的、半封闭的或者是开放的空间。进入者通过玄关的引导进入客厅或者餐厅，因而玄关具有空间的过渡引导性，同时，玄关是引入室内的第一个空间，是主人展示个人品位和格调的首个空间，也具有很强的展示性。

玄关的设计要点：首先保证有一定的使用功能，玄关是过渡的区域，故应该有一定的活动与滞留空间，应带有存衣、存物架和其他设备。其次，材料的选择应该耐久、易清洗（图2-1-24）。

a）

b）

c）

d）

图 2-1-24　不同造型的玄关设计

（2）客厅　客厅属于家庭生活中的公共区域，是家庭群体的主要活动空间，因此也是住宅设计的重点部位。

客厅的功能是综合性的，主要包括视听空间和谈话空间，视听空间又是现代住宅设计中的一个重点区域，如客厅"主题墙"的设计会采用各种设计手法来突出使用者的个性特点（图2-1-25）。

a）

b）

c）

d）

图2-1-25　客厅
a）时尚简约客厅　b）田园风格客厅　c）时尚欧式风格客厅　d）典雅中式风格客厅

1）客厅的布局形式。客厅应主次分明，因为它是一个家庭的核心，可以容纳多种性质的活动，可以形成若干区域空间。而在众多的区域之中必须有一个主要区域，形成客厅的空间核心，通常以视听、会客、聚谈区域为主体，辅以其他区域，形成主次分明的空间布局。而视听、会客、聚谈区的形成往往以一组沙发、坐椅、茶几、电视柜围合形成，又可以用装饰地毯、天花、造型及灯具来呼应，达到了强化中心感的效果。

客厅交通要避免斜穿。客厅是住宅的中心，是联系户内各房间的"交通枢纽"。如果设计不当，就会使整个空间分割凌乱，破坏其整体性和统一性，所以设计时要使布局尽量集中，保证空间分割的完整性，使交通流畅，避免斜穿。

客厅空间的相对隐蔽性。客厅是家人休闲的重要场所，在设计中应尽量避免由于起居室直接与户门或楼梯间相连而造成生活上的不方便，破坏住宅的"私密性"和"安全感"。

客厅的通风防尘。通风是建筑必不可少的物理因素之一，良好的通风可使室内环境洁净、清新，有益健康。通风又有自然通风与机械通风之分。在设计中要注意不要因为不合理的隔断而影响自然通风，也要注意不要因为不合理的家具布局而影响机械通风。

防尘是居室内的另一物理因素。客厅常直接联系户门，具有玄关的功能，同样，又直接联系卧室起过道作用，因此要做好防尘的工作。

2）客厅的空间界面设计。客厅的室内地面、墙面、顶棚等各个界面的设计，风格上要与总体的构思一致，也就是在界面的造型、线脚处理、用材和用色方面都要与总体设想相符。

3）客厅的陈设设计。空间的装饰陈设设计是不可缺少的一部分，客厅的家具陈设应以低矮水平的家具布置和浅淡、明快的色调为主，来达到放大或扩大空间的感觉；电器的陈设要使摆放位置与收视区之间有一定的距离，符合人的舒适度；饰品陈设在于充实空间，丰富视觉。无论客厅的设计以装修为主还是陈设为主，都应该协调好各部分与整体设计的关系，使艺术性和实用性高度统一。

4）客厅的照明设计。客厅是一个多功能的空间，是集中体现家庭物质生活水平与精神风貌的个性空间，所以应具有一定特色的光照环境，根据不同的功能需求设置不同的照明设施，营造不同的情调和气氛。

2. 卧室

卧室是家庭成员及客人居住、休息的空间，是以静态活动为主的，具有较强的私密性。因而在进行设计时应该从色彩、位置、家具布置、材料、陈设等方面入手，统筹兼顾，创造恬静优雅、和谐安详的环境气氛（图2-1-26）。

a）　　　　　　　　　　　　　　　b）

图2-1-26　卧室

卧室从功能上可以分为主卧室和次卧室。主卧室是指夫妇双方的私人生活空间。功能上来说也较其他卧室齐全，高度的私密性和安全感是主卧室的基本要求。次卧室是指除主卧室之外的卧室，一般可分成儿女卧室、老年人卧室和客人卧室三种形式。卧室的设计应本着以人为本、舒适第一的原则。具体的设计应把握好以下几个要点：

（1）营造舒适的环境　舒适的环境不仅包括整体色调气氛的营造，还包括舒适的光环境。卧室的设计中一般色彩之间的协调是至关重要的，它可以影响和刺激人的神经，所以一般卧室的色彩选色以浅色及暖色调为主，避免反差较大的强对比色。卧室是以休息为主的空间，光源设置应避免集中，尽量平均照射到房间的各个角落，根据不同的需求合理地布置光源，休息时尽量考虑柔光，避免强光的刺激，看书时应选择可调节的床头灯，局部照明。

（2）满足使用功能的需求　卧室除了有睡眠的区域外，为了方便业主使用，在设计的时候还要考虑卧室的休闲区、化妆区、卫生区、储藏区等功能的完善。

（3）老年人卧室设计　老年人在心理上和生理上均与年轻人有很大的不同，设计时要考虑到老年人好静的特点，门窗、墙壁的隔声效果要好；居室以朝南为好；家具摆放要充分满足老年人起卧方便的要求，家具布置宜采用直线、平行的布置法，使视线转换平和，避免强制引导视线的因素。另外，色彩宜选择古朴、平和的色彩，为老年人创造一个有益于身心健康，亲切、舒适、幽雅的环境（图 2-1-27）。

图 2-1-27　老年人卧室

（4）儿女卧室的设计　儿女卧室是儿女成长的空间，伴随其生长阶段，又可分为婴儿期卧室、幼儿期卧室、儿童期卧室等。儿女卧室在设计上应充分照顾到儿女的年龄、性别、性格及个人喜好等个性因素。在装饰布置和家具尺度上要考虑远期的发展变化，如选择易移动、组合性高的家具，方便随时重新调整空间。再者，设计时尽量以自然、柔软的素材为主，这些材料不仅耐用、易修复而且使家长也没有安全上的忧虑（图 2-1-28）。

a)　　　　　　　　　　　　　　　　　b)

图 2-1-28　儿童房
a）男孩房　b）女孩房

3. 书房

书房向来在居住空间中总是比较内向的空间，具有较强的私密性。但是，随着时代的进步，书房的功能不再是单一的读书、写作，还可以是朋友谈天说地的空间，也可以是主人修养、文化类型、职业性质的展示厅（图 2-1-29）。

书房的设计风格是多样的，很难形成统一的模式，书房设计应把握以下几点：

1）明亮。作为读书写作的空间，书房的照明和采光是非常重要的，写字台或者书桌应放在阳光充足但又不直射的窗边，人工照明主要把握住明亮、均匀、自然、柔和的原则，重点区域可以采用局部照明。

2）安静。书房作为思考、学习的工作场所，安静是十分必要的。首先，尽可能地与儿童

a）   b）

图 2-1-29　书房

房、餐厅这些相对嘈杂的地方分开。其次，书房的装修要选用隔声、吸声效果好的装饰材料。

3）雅致。书房设计应以清新淡雅为主，能够充分体现主人的文化修养、生活理念和个人爱好，充分展现主人的生活品味。

4）有序。书房家具布置可以按照工作者的习惯来进行布置，藏书可以进行分类，保证工作效率而又整齐有序。

4. 餐厅

餐厅的设计往往是结合原有的住宅空间条件，来考虑其使用功能和美化效果。作为就餐环境，面积较大的单元，一般是单独的进餐空间，面积较小的单元，常与客厅连用，从客厅中分割出相对独立的就餐空间。对于这种兼用餐室的开敞空间环境，为减少在布置餐桌清洁时对其他活动视线的干扰，常用隔断、滑动墙、折叠门、帷幔及组合餐具橱柜等分隔。无论采取何种用餐方式，餐厅的位置居于厨房与客厅之间最为有利，这在使用上可节约食品供应时间和就座进餐的交通路线，并易于清洁工作的展开（图 2-1-30）。

图 2-1-30　餐厅

餐厅的设计要点：

1）餐厅的家具大小应与空间比例相协调，款式应和室内的整体风格一致，这样才能达到与整个空间的和谐统一。

2）餐厅的空间设计是对理想的餐厅气氛的营造的重点，它主要是通过对餐厅空间界面设计来形成的。

顶棚。餐厅顶棚设计往往比较丰富而且讲求对称，其几何中心的位置是餐桌。设计师可借助吊灯的变化来丰富餐厅的环境。

地面。地面要选用易清洁、防油、防水，且不宜有缝隙的装饰材料，以防止灰尘的附着。

墙面。墙面装饰除满足其使用功能之外，还应运用科学技术与艺术手法，创造出功能合理，舒适美观，符合人心理、生理要求的空间环境。

3）餐厅的照明以餐桌为照明中心，采用局部照明和整体照明相结合的方式。局部照明应设置在餐桌的上方，灯具最低点离桌面约 0.6~0.7m，以突出精美的菜肴，激发就餐人的食欲。局部照明灯具应选择光源显色性好的。餐厅设置整体照明的目的是使整个房间光亮、清洁。如果房间不大，可只设整体照明，但照度值应偏高些。

5. 厨房

厨房是处理家务和膳食的工作场所，在住宅的家庭生活中具有非常重要的作用。根据空间大小和房间的格局，厨房可分为一字式、二字式、L 式和 U 式（图 2-1-31、图 2-1-32）。

（1）一字式　这种布置适宜开间为 1.5m 左右的狭长的厨房，将洗涤、调理、烹调配置在一面墙壁的空间，贴墙设计，节省空间。但是由于"工作三角形"（厨房操作空间的模式为三角操作空间：洗菜池、冰箱及灶台安放在适当的位置最理想的形式是呈三角形，相隔距离最好不超过 1m）为直线运动，墙面过长时，则工作效率降低；墙面过短时，工作台面有不足之嫌（图 2-1-33）。

（2）二字式　这种布置是将洗涤、调理、烹调三个工作区域配套在开间为 2m 左右的厨房，特别适用于有阳台门或相对有前后两扇门的厨房，一般是把洗涤和调理组合在一边，烹调或调理放在另一边，构成一种特殊的三角形，但操作时往返转身次数增加，动线距离较长，体力消耗加大。二字式布置两边工作点的最小间距应以 75~80cm 为宜（图 2-1-34）。

（3）L 式　这种布置适用于开间为 1.8m 以上，深度较长的厨房。洗涤、调理、烹调三个工作区域依次沿两面相接的墙壁呈 90°放置，操作区的对角线一处布置餐桌，这是一种厨房兼餐室的环境布置。这种布置的优点是工作路线较短，可以有效地运用灶台，而且较为经济（图 2-1-35）。

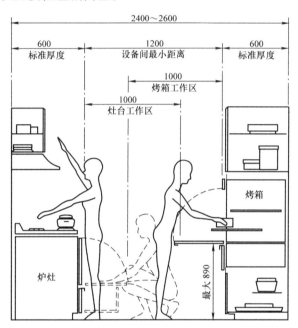

图 2-1-31　厨房（一）

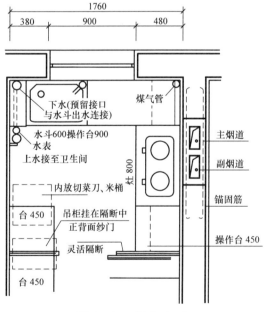

图 2-1-32　厨房（二）

图 2-1-33 一字式厨房设计　　　　　　　图 2-1-34 二字式厨房设计

（4）U 式　这种布置用于开间宽度在 2.2m 以上，深度较长或接近方形的厨房。一般来讲，这种布置将洗涤区置于 U 式布置底部，储存和烹调分别设在其两侧。这种布置构成的三角形，操作时最为省时省力，而且可能容纳较多的厨房家具设施和储存物品，可容纳多人同时操作。U 式两边的距离以 120～150cm 为宜，尽量使三角形边长的总和控制在最小数值范围内（图 2-1-36）。

图 2-1-35 L 式厨房设计　　　　　　　图 2-1-36 U 式厨房设计

6. 卫生间

卫生间是家庭中处理个人卫生的空间，同样属于私密性较高的室内空间，在现代的住宅室内装饰中，美观又实用，功能齐全的卫生间成为居室新宠（图 2-1-37）。对于卫生间设计我们把握好以下几个要点。

1）地面：要注意防水、防滑。

2）顶部：防潮、遮掩。

3）洁具：合理、合适。

4）电路：安全第一。

5）采光：明亮即可。

125

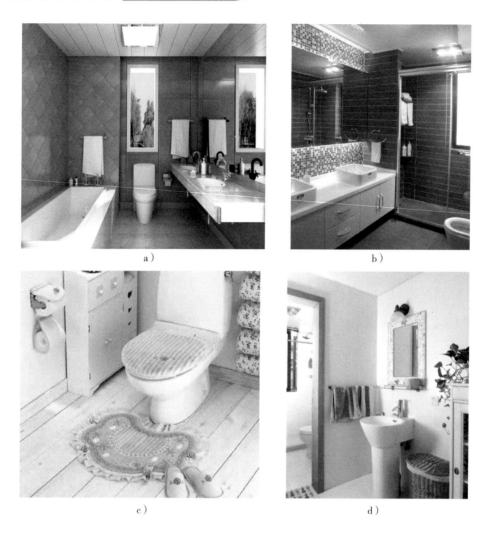

a)　　　　　　　　　　　　　　　b)

c)　　　　　　　　　　　　　　　d)

图 2-1-37　卫生间设计

6）绿化：增添生气。

7）整洁：盥洗区与淋浴区划分忌零散、繁杂。

2.1.6　居住空间设计的工作流程与基本步骤

1. 居住空间设计的工作流程

家装咨询——现场量房——预算评估——签订合同——现场交底——材料验收——中期验收——尾期验收——工程完工——家装保修。

2. 居住空间设计的基本步骤

设计是一种创造艺术，居住空间设计是逐步将思维中的想象空间构筑在人们的现实生活之中，它的工作流程主要分为：设计的前期工作、方案的形成与设计表达、施工图设计与施工准备、室内内含物的选配与成本控制。

（1）设计的前期工作　设计的前期阶段主要是通过任务书分析、调查研究和收集资料等手段，对设计对象、设计任务及相关规范、标准等做全面的了解和调研。具体包括：

1）通过设计任务书明确设计任务、内容、设计范围、设计要求、设计期限、造价和设计进度与计划等。

2）明确建设单位、委托方、使用方的意见和要求。包括：设计等级标准、造价、功能、风格等要求，这些因素的定位对于室内设计的意义是非常重大的。

3）根据设计任务收集设计基础资料，包括项目所处的环境、自然条件、场地关系、土建施工图纸及土建施工情况等必要的信息。

4）熟悉设计有关的规范和定额标准，了解当地材料的行情、质量及价格，收集必要的信息，勘察现场，参观同类实例。在对建设方意向及设计基础资料作了全面了解和分析之后确定设计计划。

（2）方案的形成与设计表达　这个阶段是在设计准备阶段的基础上，通过进一步分析与运用相关信息和各种制约因素及限定条件进行设计方案的立意、构思及表达的过程。

1）方案的立意。立意是创新和可实施性的统一体，是设计师针对所设计项目的各种因素经过综合分析之后所做出的艺术构想，它是这个设计方案发展的意向，对整套设计起统帅作用。

2）方案的构思。构思是在立意的理念思想指导下把该阶段的分析研究落实成具体的室内图例形态。这一阶段是设计的关键阶段，设计师通过初步构思——吸取各种因素介入——调整——绘成草图——修改——再构思——再绘成图式的反复操作阶段，最后形成一个双方都满意的理想设计方案。这一阶段包括草图设计阶段和方案设计阶段。

草图阶段：是设计思维转化为方案成果的重要阶段，是设计师在整个时期最具创作灵感的思维过程。这一阶段不必拘泥于一些细部处理，着重运用构图手段，表达大体的设想和意念，可根据掌握的资料按照大体布局、大面安排、大形处理的方法进行表现。

方案设计阶段：也就是绘制正式的方案图阶段，这是设计的中心环节。这一环节中首先确定布局意图，用图纸勾勒出布局的平、立、剖面，然后用效果图形式把构思形象逼真表现出来，关键细节要进行推敲，最后对图纸未能表达之处进行辅助说明。

3）设计表达：这一阶段需要将方案设计成果进行表达，一方面按照制图规范及要求对平面图、立面图和剖面图进行绘制，以表达室内空间的内容和功能要求，另一方面通过室内环境的透视效果图，将设计人员的方案进行更为真实的展现。具体内容包括：

① 室内平面图（常用比例 1:50 或 1:100），主要表现平面布局及各区域之间的相互关系，家具、陈设、绿化等的具体位置及尺寸，地面图案设计与铺地用材的名称和定位尺寸。

② 室内立面图（常用比例 1:50 或 1:20），主要表现各立面造型、用材、用色。

③ 室内顶棚平面图（常用比例 1:50 或 1:100），主要表现顶棚的造型、用材、灯具位置。

④ 室内透视效果图，主要通过运用各种表现技法（马克笔、彩铅、喷绘等）来表现室内的立体效果。

⑤ 设计意图说明和造价概算。

（3）施工图设计与施工准备　这一阶段是将方案设计阶段的施工图进一步具体化，是为现场施工，施工预算编制，设备、材料的准备，保证施工质量和进度提供必要的科学依据。具体内容包括：施工中必需的平面图、立面图、顶棚图，图样需详细标明物体的尺寸、做法、用材、色彩、规格、品牌，绘制出必要的细部大样和构造节点图。

（4）室内内含物的选配与成本控制　室内设计装饰工程涉及面广，工序多，且使用材料广，施工方法不一，成本控制相对难度较大。因此，应多研究分析装饰工程消耗的人工、材料和价格，力求用最少的人力、物力、财力，生产出更多、更好的装饰项目，积极地对工程成本进行管理、控制、降低，使有限的投资获得最大的效益。

【项目实训】 客厅设计与室内配饰

1. 项目概述

选择具有代表性风格的客厅进行设计，并根据客厅的风格定位进行配饰，理论联系实际，使设计更具亲切感和真实感。

2. 实训目标

通过本课题的训练，强化对室内风格的理解，合理地组织和利用空间。掌握不同空间的设计要点及配饰要点，并能独立完成对目标空间的设计。

3. 实训要求

对某一客厅进行设计和配饰。收集、参考不同的室内风格设计，把握风格特点及设计要点。

4. 设计内容：

1）绘制平面配置图，合理布局空间。

2）绘制立面图，把握整体风格造型统一，协调好颜色、材质搭配及灯具照明。

3）绘制效果图（单色或色彩效果图）。

4）书写设计说明（设计思路、设计根据、设计特色）。

5. 任务评价

对于任务完成的质量给予优、良、中、及格、不及格等级的评价，考核标准见表2-1-1。

表2-1-1 课程设计教学环节考核标准

实践环节名称	考核单元名称	考核内容	考核方法	考 核 标 准	最低技能要求
客厅设计与室内配饰	设计创意	方案构思	检查批改	优秀：能够很好地利用所学的知识，在满足各种功能和技术要求的前提下，具有高度的独创性，主题表达清晰，个性鲜明 良好：较好地达到上述要求 中等：能够达到上述要求 及格：能够独立完成 不及格：未达到上述要求	及格
	成果质量	成果质量	检查批改	优秀：设计方案合理，图纸完整无误，图面整洁，独立完成，较符合制图标准要求 良好：较好地达到上述要求 中等：能够完成绘图要求及内容 及格：基本完成绘图要求及内容 不及格：未达到上述要求	及格
	学习态度	分次上缴成果的质量和出勤情况	检查批改考勤	优秀：思想上重视，分次上缴的成果完整，能够反映出整个方案的构思过程，无缺勤现象 良好：较好地达到上述要求 中等：达到上述要求 及格：基本达到上述要求 不及格：达不到上述要求或缺勤三分之一者	及格

公寓式住宅相对于独院独户的别墅，更为经济实用。我国早期的公寓式住宅已经具备现代城市单元式住宅的雏形。这类住宅特点是一套单元内房间多，通常有3、4间；面积大，每间 14~18m²；净高为 3~3.4m，功能全。但这种住宅与我国的居住水平及户型规模不符，以后逐步演变成几家合住，共用厨房的居住模式。目前，50 年代的这类大房间公寓式住宅，从建筑设计形式上已经淘汰。这类住宅室内空间大，可以通过内装修来增强使用功能。近些年来，我国各城市中所建的公寓式住宅，在设计上作了较大改善，以适合我国国情。

目前的户型需求多样化，市场上并无绝对的主尊户型。户型的需求随时间、区域而变化。适用是住宅建设的基本要求，户型设计的第一位选择因素就是使用方面，舒适度较高，集中归纳起来就是动静分区、干湿分区、公私（公用区和私密区）分区，使用功能合理又不互相干扰。

功能配置更趋完善。主人房带卫生间已成为中大户型的必要设计；工作阳台的设置，同以前功能互合的阳台设计（把家务操作、观景等功能集中于一个空间实现）相比变得合理、方便；书房、儿童房、健身房、衣帽间等配套空间的设置使室内活动更为舒适；玄关的设计增加了户内空间层次，亦与生活水平提高的社会现实相吻合，使入室更衣换鞋等新风尚变为可能，促进居家健康化、安逸化。

功能分区更为明显。1996 年以前的住宅，没有什么功能分区概念，在居家使用上极不科学：大厅功能比较混乱，基本上不区分休息娱乐区（客厅）与进餐厅（餐厅），一些卧室门直接开向大厅，设计十分不合理。1996 年以后的住宅，开始注重使用空间的层次与分区的问题。

三大分区理念——动态静态空间划分、工作空间与生活空间的划分、公共空间与私密空间的划分思想在户型设计当中得到有效贯彻。平面户型设计打破平面厅室划分的旧传统，利用凸出的边角、台阶、隐形走道等设计进行空间划分，使空间层次感更强，变化更大。

户型设计更为贴近人性。传统的厨房多采用 I 型，现在则有 I 型、L 型，还有开放式、半开放式的厨房设计（在小户型住宅及酒店式公寓运用得比较多），在长度、宽度方面考虑到操作台、厨具电器壁柜的设置及摆放位置，管线的安装，通风排气条件；落地窗、凸窗、角窗的普遍采用，打破单纯以阳台作为居室外延空间的局面；低窗台设计，可坐可卧，既增加了使用空间，又开阔了视野。

从人口构成确定居住空间。从家庭人口构成分析，套型设计还要满足家庭行为和生活模式的不同需要。随着目标市场逐渐细分化，购房群体日趋理性与个性，单一的户型需求演变变为多极化、多样化的户型需求，从而使户型设计也呈现多样化特征。

随着社会生活的发展进步，室内设计正逐渐向更加人性化，更富于文化，更健康的方向发展。以人为本，是室内设计的本质，每个室内空间都有不同的组合、生存和发展方式，这就使得设计师要以个性化的设计为这多彩的生活添一笔浓妆。

2.2.1　空间的调研阶段

接到设计任务以后，对设计空间进行调研，搜集相关的资料，为居住空间的设计提供必要的设计依据及参考。主要的调研内容包括以下几方面：

1）空间类型，空间的组合关系，户型特点。

2）用户家庭人口构成及相互关系。

3）家庭人口的文化水平、经济收入、装潢的资金投入分配情况。

4）家庭户主的特殊爱好，对室内环境装修设计的特殊要求。

5）家庭人口的宗教信仰及生活习惯。

2.2.2　现场测绘与环境分析

一般设计任务落实以后，要到现场测量空间尺寸，了解环境的具体情况及房屋的特征。一些空间细节在原建筑平面图上都是体现不出来的，所以在设计前期我们应该到现场去了解。所以，到现场测绘与环境分析是必不可少的环节，可以对空间上有更宏观的认识，更利于设计的进行。

1. 现场测绘的内容

现场测绘是为了更准确的获得房子的平面尺寸，以便根据平面布局及尺寸绘制施工图和效果图。现场测绘要了解房屋的特征，包括房型、朝向、楼层等因素，以及各房间功能区域的布局组合联系。除此之外，还包括各房间的具体尺寸，如房顶的梁高及位置，门窗、阳台的位置高度，房间的高度，一些暖气设施的具体位置，还有空调洞、落水管、进户门开启方式等细节；也包括哪些是承重墙，哪些墙能拆哪些不能拆，如果需要对原建筑功能布局进行改变或重新组织，这些都是非常重要的。

2. 现场测绘的步骤及要点

在去现场测量的时候要带上盒尺、笔、纸和相机，首先用笔将房间的平面布局组合关系画在本上，然后用尺子去测量各房间的具体尺寸，以毫米（mm）为单位详细标记在平面图上相对应的位置，最后用相机把房子拍摄下来，以便对房子有更直观的了解（图2-2-1）。

测绘的步骤及要点：

1）放线应以柱中、墙中为准，通常测量为净空尺寸。

2）详细测量现场的各个空间总长、总宽尺寸，墙柱跨度的长、宽尺寸。记录现场尺寸与图纸的出入情况，记录现场间墙工程误差（如墙体不垂直，墙脚不成直角等）。

3）标明混凝土墙、柱和非承重墙的位置尺寸。

4）标注门窗的实际尺寸、高度、开合方式、边框结构及固定处理结构，幕墙结构的间距、框架形式、玻璃间隔，幕墙防火隔断的实际做法；记录采光、通风及户外景观的情况。

5）测量天面的净空高度、梁底高度，测量梁高、梁宽尺寸，测量梯台结构落差等（以平水线为基准来测）。

6）地平面标高要记录现场情况并预计完成尺寸，地面、批荡完成的尺寸控制在50～80mm以下。

7）记录雨水管、排水管、排污管、洗手间下沉池、管井、消防栓、收缩缝的位置及大小，尺寸以管中为准，要包覆的则以检修口外最大尺寸为准。

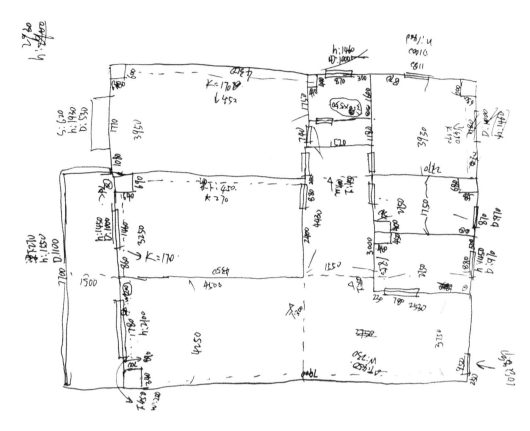

图 2-2-1　测量房子绘制平面草图

8）结构复杂的地方测量要谨慎、精确，如水池要注意斜度、液面控制，中庭要收集各层的实际标高、螺旋梯的弧度、碰接位和楼梯转折位置的实际情况、采光棚的标高、光棚基座的结构标高等。

9）复检建筑的位置、朝向及所处地段；周围的环境状态，包括噪声、空气质量、绿植状况、光照、水状态等。

10）用红色笔描画出结构出入部分，标出管道、管井的具体位置；绿色笔标注尺寸、符号、尺寸线；黑色笔进行文字记录，标高等。

11）现场度量尺寸要准确明细，有些交叉部位无法在同一位置标示清楚，可在旁边加注大样草图，或用数码照片加以说明。

2. 2. 3　客户家庭情况、设计要求与住宅装饰设计要素

居住空间设计主要是根据住户和使用者的意愿和喜爱，对于从事住宅室内设计的设计师来说，第一重要的是真正地从生活需求出发，认认真真地观察生活和感受生活；第二重要的是真诚地与业主沟通，了解其职业特点、生活习惯和生活方式，用心来做设计，花大钱追求豪华奢侈生活的业主毕竟数量有限，多数人对居住环境的要求只是舒适、整洁、温情。要体现居住者的生活情趣，良好的空间感受、完善整齐的居家设施是首要的，对居住者生活习惯、生活方式的关切，将其生活内容体现在设计中远胜于那些抽象莫名的理论，更无需用高

档的饰材铺贴去误导业主。

1. 客户家庭情况、设计要求

随着生活方式的改变，科技的发展和文化的进步，现代住宅不再是简单的栖身之所，它已成为在工作之余，调节精神生活，发展个人专长和爱好，从事学习、社交、娱乐等活动的多功能场所。因此，住宅空间设计除充分重视现代化条件的物质需要外，还应充分满足住户的不同职业、文化、年龄、个性特点所呈现出的千差万别的要求，营造出艺术与舒适相辅相成的空间环境。设计时需要对家庭综合因素及住宅条件进行分析。

家庭综合因素主要包括：

1）家庭人员结构形态，如人口数量、性别与年龄，如小孩已经上小学了、尚未结婚、父母已经退休等。

2）综合背景，如教育、信仰、职业、民族等。

3）性格类型，如家庭成员的共同性格、个别性格，如以妻子为主的家庭，妻子的爱好是欧式风格还是简约主义等。

4）家庭生活方式，如群体生活、社交生活、私生活、家务态度和习惯等。

5）家庭经济条件，如高、中、低收入型等，做出合理的预算。

住宅条件分析包括：建筑形态、环境条件、住宅空间条件、住宅结构、住宅自然条件即采光、通风、温度等。除此之外，还要了解客户对设计的具体要求，比如喜欢什么风格，造型上有什么要求，喜欢哪种颜色等。然而，客户的参与在深度上应当是有限的。在与设计师的接触中，可以在功能上与风格上有详细的要求，却不必在局部装饰上有过于明确的规定，设计细节还是应该由设计师来最终确定。如果将所见过的不同环境中的某些局部装饰进行拼凑组合，这样不仅会产生不伦不类的不和谐感，同时也会限制设计师对整体空间的认识与发挥。

2. 住宅装饰设计要素

（1）室内空间组织和界面处理　室内设计的空间组织，需要对原有建筑设计的意图充分理解，对建筑物的总体布局、功能分析、人流动向以及结构体系等有深入的了解，在室内设计时对室内空间和平面布置予以完善、调整或再创造（图2-2-2）。

室内界面处理，是指对室内空间的各个围合面（地面、墙面、隔断、平顶等）的使用功能和特点的分析，界面的形状、图形线脚、肌理构成的设计，以及界面和结构构件的连接构造，界面和风、水、电等管线设施的协调配合等方面的设计。室内空间组织和界面处理，是确定室内环境基本形体和线形的设计内容。

（2）室内视觉环境的设计　室内光照是指室内环境的天然采光和人工照明，光照除了能满足正常的工作生活环境的采光、照明要求外，光照和光影效果还能有效地起到烘托室内环境气氛的作用。

色彩是室内设计中最为生动和活跃的因素，室内色彩往往给人们留下室内环境的第一印象。除了色光以外，色彩还必须依附于界面、家具、室内织物、绿化等载体。室内色彩设计需要根据建筑物的风格、室内使用性质、工作活动特点、停留时间长短等因素，确定室内主色调，进而选择适当的色彩配置。

材料质地的选用，是室内设计中直接关系到实用效果和经济效益的重要环节。饰面材料的选用，同时具有满足使用功能和人们身心感受这两方面的要求，例如，坚硬、平整的花岗

图 2-2-2　公寓式住宅整体设计效果

图片来源：www. soufang. com

石地面，光滑、精巧的镜面饰面，轻柔、细软的室内纺织品，以及自然、亲切的木质面材等。室内设计中的形、色、质应在光照下融为一体，赋予人们综合的视觉感受。

（3）室内内含物的设计和选用　家具、陈设、灯具、绿化等室内设计的内容，除固定家具、嵌入灯具及壁画等与界面组合外，大部分均相对地可以脱离界面布置于室内空间里。这些室内内含物的实用性和观赏性都极为突出，通常它们都处于视觉中显著的位置，家具还直接与人体相接触，感受距离最为接近。家具、陈设、灯具、绿化等在烘托室内环境气氛，形成室内设计风格等方面起到举足轻重的作用。

室内绿化在现代室内设计中具有不能代替的特殊作用。室内绿化具有改善室内小气候和吸附粉尘的功能，更主要的是，室内绿化使室内环境生机勃勃，带来自然气息，令人赏心悦目，起到柔化室内人工环境，协调人们心理平衡的作用。

2.2.4　初步设计阶段

初步设计阶段，首先根据现场测绘的尺寸绘制出平面图，分析并确定房间的功能，不但要考虑每个房间的功能及家具的选择，还要确定家具的尺寸及家居摆放后剩余交通路线的尺寸。因此，在设计初期应该以满足使用功能为根本，也就是以人为本，依据人体工程学，绘制出设计草图。

另外，还要分析室内原型空间及已有的条件，确定主要功能区的大体位置，并进行功能分区，画出功能分析图（功能泡泡图）。合理安排各功能区交通流线，并画出交通流线图。分析各功能空间应满足的功能需要，对各功能区进行内部规划。

其次，与客户进行设计草图的沟通、交流，看其是否对家具或功能划分有意见，一旦平面布置被认可，就要考虑设计风格，可以咨询业主喜欢什么风格，有什么具体设计要求，喜欢什么颜色等。风格一旦确定，界面的造型就要依据这种风格来设计，同时还要考虑建筑结构的平面布置，立面造型设计应以完善视觉追求为目的，要根据设计风格来考虑。按照"功能决定形式"的先后顺序进行设计，在实际中两者相互结合，不断调整。

最后根据客户的反馈意见，进一步对前期收集的资料与信息加以整理、分析和构思立意，对设计草图进行修改和深化，绘制出平面图、立面图、效果图。

2.2.5 方案深入与施工图设计

深入方案的工作重点是综合处理设计中的矛盾，重点解决各种功能不同空间的功能问题，通过对设计草图的深入研究，提出各种可行性的设计方案，选出最佳方案，或综合多种构想的优点，重新拟定出成熟的设计方案。

1）考虑室内艺术功能需要，合理布置装饰陈设及绿化等。

2）改良和弥补草图的缺漏，将方案进一步细化推敲，深入完善。

3）统一平面、顶棚和立面三者的关系，考虑造型、色彩、材质的完美结合。

4）画出所有空间的所有面的包覆与装饰。

5）画出主要空间透视表现图。

6）考虑各有关工种的配合与协调。

7）设计上要求功能合理，具有较高文化、艺术性，体现人性化环境；确定装饰风格，符合业主情趣和品位。

当设计方案成熟以后，研讨、比较、补充后确定正稿，然后根据最终设计方案，绘制更加准确、实用、规范的施工图如平面图、天花图、立面图、效果图、装饰材料实样、设计说明与造价概算，为施工者提供良好的施工依据。

完整的施工设计图纸应包括：封面、目录、平面图类（总平面布置图、间墙平面图、地面平面图、天花平面图、天花安装尺寸施工图）、立面图类、大样图类、水电设备图类（给排水平面图、电插座平面图、开关控制平面图）等及各类物料表。更加深入地与施工和预算结合，修改和补充施工所必要的有关图纸，形成完整施工图。

【设计案例】 三室户住宅室内设计

本方案是三室两厅，业主是三口之家，喜欢现代、时尚、个性的设计，业主要求设计儿童房和衣帽间（图2-2-3）。

本方案室内空间组织：在进门处设置了鞋柜和玄关，起缓冲和阻挡视线的作用。儿童房靠窗处布置了学习桌，门口凹进去部分设计成了儿童衣柜，旁边布置了钢琴。带卫生间的房间作为主卧室，凹进去部分设计成了衣帽间。

本方案主要以黑、白、黄色为基调进行设计，体现了时尚、个性的现代气息，主要运用

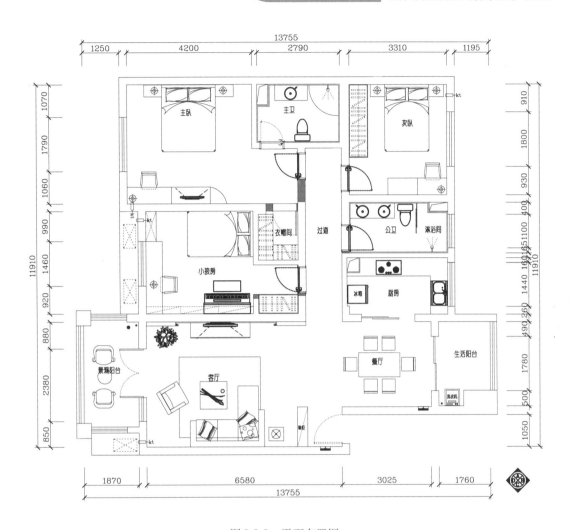

图 2-2-3　平面布置图

了黑镜、壁纸和艺术墙砖等材质。客厅电视背景墙两边矩形造型采用了黑镜材料，中间用艺术墙砖做装饰。沙发背景墙四周采用黑镜，里面用黄色花纹壁纸装饰。吊顶中间矩形采用黄

色花纹壁纸装饰，与沙发背景墙达到和谐与统一的效果，同时与地面矩形黄色石材拼花相呼应，整个客厅显得大气而具有现代感（图 2-2-4、图 2-2-5）。

　　餐厅背景墙采用与电视背景墙类似的造型，两边矩形造型用黑镜，中间采用黑色图案壁纸装饰，其余墙面均采用与沙发背景墙相同的黄色花纹壁纸，使客厅与餐厅达到统一。吊顶局部采用黑镜装饰，既与墙面相呼应，形状又与地面相统一（图2-2-6）。

图 2-2-4　客厅设计效果图

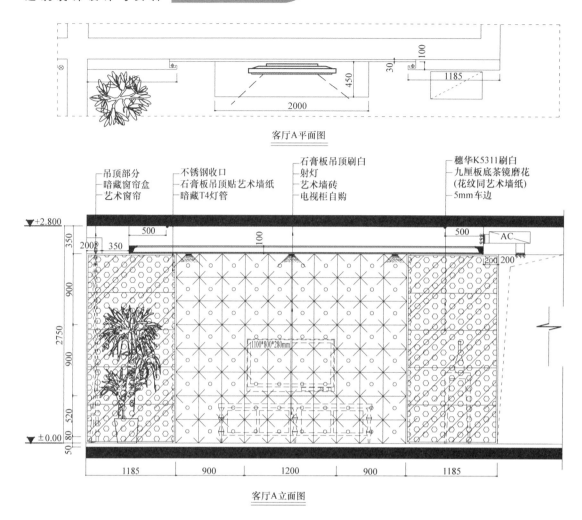

客厅A平面图

客厅A立面图

图 2-2-5　客厅电视背景墙立面

　　卧室背景墙与客厅和餐厅的背景墙造型相似，两边黑镜中间黄色软包，使整个住宅设计风格效果保持一致。床和电视柜及木地板采用了相同颜色的木材，显得和谐统一（图2-2-7）。

图 2-2-6　餐厅设计效果图

图 2-2-7　卧室设计效果图

【项目实训】　一室户住宅室内设计

1. 项目实训条件

本户型为单身青年公寓。要求具有客厅、卧室、餐厅、工作、厨房、卫生间等功能（图2-2-8）。

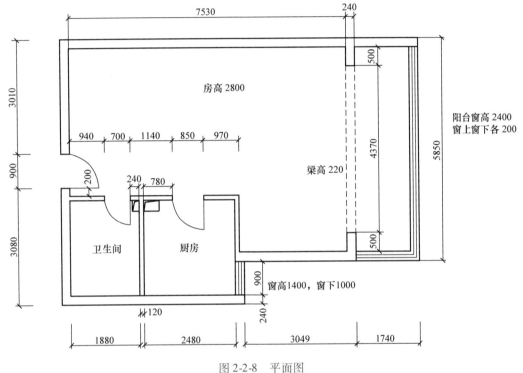

图 2-2-8　平面图

2. 项目实训要求

应根据年轻人的性格特点，设计成一个现代、简单、个性的居室环境。合理划分室内空间，布局合理，过渡自然，满足正常生活的需要。应尽量降低成本，不过分追求奢华感，要处处体现现代气息。

3. 项目设计实训内容

（1）平面布置图（1:100 或 1:50）

1）功能分区：利用功能家具对空间进行功能分区，分区应满足不同的要求。

2）流线组织：使各功能空间交通路线便捷，互不交叉。

3）表明不同功能区域的地面材料纹样、色彩、质地、尺寸及铺设方式，同时考虑主要家具、陈设、绿化小品等的尺度、造型和位置。

4）尺寸标注。

（2）顶棚平面镜像图（1:100 或 1:50）

1）顶棚构造：表明顶棚造型。

2）照明设计：根据室内不同区域的不同照度、色温要求布置灯具。注明灯具类型、尺寸、设置位置等。

3）标明房间的标高。

4）尺寸标注。

（3）立面展开图（1:100 或 1:50）

1）表明主要墙面门窗洞口、墙体造型的标高、尺寸、位置。

2）表明主要家具、陈设等的位置、尺寸及细部做法。

3）表明墙体造型的装修做法，如材料、色彩、质感、构造做法等，必要时绘出构造详图。

4）尺寸标注。

（4）详图　要求用大样图、剖面详图对地面、吊顶、墙面、小品、办公家具等的重要造型变化、构造做法作详细说明，详图不得少于三个，并注明详图索引。

（5）效果图

1）比例自定。

2）表现手法自选（计算机、手绘等表现形式不限）。

3）透视正确，室内环境气氛、空间尺度、比例关系等表达准确、恰当。

4）室内材料色彩、质感、家具风格及绿化、小品等表现准确、生动。

（6）设计说明　简要说明设计立意、环境艺术气氛创造手法并附装修材料明细表。

4. 工作任务评价

成绩按优秀、良好、中等、及格和不及格五级评定。考核标准见表2-2-1。

表 2-2-1　课程设计教学环节考核标准

实践环节名称	考核单元名称	考核内容	考核方法	考 核 标 准	最低技能要求
一室户住宅室内设计	设计创意	方案构思	检查批改	优秀：能够很好地利用所学的知识，在满足各种功能和技术要求的前提下，具有高度的独创性，主题表达清晰，个性鲜明 良好：较好地达到上述要求 中等：能够达到上述要求 及格：能够独立完成 不及格：未达到上述要求	及格
	成果质量	成果质量	检查批改	优秀：设计方案合理，图纸完整无误，图面整洁，独立完成，较好符合制图标准要求 良好：较好地达到上述要求 中等：能够完成绘图要求及内容 及格：基本完成绘图要求及内容 不及格：未达到上述要求	及格
	学习态度	分次上缴成果的质量，出勤情况	检查批改考勤	优秀：思想上重视，分次上缴的成果完整，能够反映出整个方案的构思过程，无缺勤现象 良好：较好地达到上述要求 中等：达到上述要求 及格：基本达到上述要求 不及格：达不到上述要求或缺勤三分之一者	及格

课题 3 别墅室内装饰设计

2.3.1 别墅室内装饰设计基础与设计原则

别墅豪宅能彰显成功人士的身份，设计需要确定一个档次，设计要精致，有层次感。另外，还要注意色调的搭配和风格的统一，家具款式与装修风格要保持一致，家具的选择及摆设要合理和有创意。装修前，应对业主及其家庭成员的喜好和追求进行深入的了解，之后再对别墅的各功能空间进行划分重组，以实现其最大价值，这样才能真正设计出符合主人特点的家居环境，让居者充分感受到别墅居住的便捷及人文关爱。个性化的别墅装修，家居装饰与配饰通常显示主人的品位与喜好，家居产品的风格、尺寸与周围环境配搭得不和谐，也极容易令别墅品质大打折扣。要保持别墅整体装修风格的统一，就应该在装修初期进行整体室内设计，对每一处空间都应有细致入微的设计规划，起居室、厨房、餐厅、卫浴、卧室……将各个空间的特色贯穿或加以呼应，目的是在融合别墅品位的同时不损失各空间的特性，使整个别墅风格和谐又不失灵动。

随着物质水平的提高，人们对居住环境的要求也越来越高。一种亲近自然的特性随之逐渐显示出来，都想在家中享受一片自然风光，针对这一情况，别墅装饰设计也有相应的一些原则。

（1）塑造空间个性 别墅是一个相对独立的私有空间，每个业主都不希望他的房子和别人家的一样，因此，我们在设计时要发挥想象，为业主创造一个具有个性的空间。

（2）以人为本 在设计中，无论是平面布局还是各部分细节设计，都应体现以人为本的设计原则。

（3）注重人居环境的舒适性 在有限的空间里，创造出符合居民需求的人性的机能空间，为业主提供集休闲、娱乐为一体的私家别墅。

（4）突出景观设计 别墅景观符合人们亲近自然的理念，同时也发扬了可持续发展的观念，是一种造福人们的设计手法，它在提高人们生活环境的同时，也在保护人们的居住环境，给人们营造了一个和谐的发展空间。设计时应充分挖掘植物的文化内涵，通过与环境载体的造型、色彩、质地及空间的处理，空间的过渡等相结合，设计出独特的景观，以提高别墅的文化品位，突出别墅的植物景观特色。

2.3.2 别墅室内装饰设计要点

住宅室内环境，由于空间的结构划分已经确定，在界面处理、家具设置、装饰布置之前，除了厨房和厕所由于有固定安装的管道和设施，位置已经确定之外，其余房间的使用功能，或一个房间内功能地位的划分，需要以住宅内部使用的方便合理作为依据。别墅住宅的基本功能不外乎睡眠、休息、饮食、盥洗、家庭团聚、会客、视听、娱乐、学习及工作等（图2-3-1）。这些功能相对地又有静—闹、私密—外向等不同特点。与普通住宅装饰设计相比，别墅装修的整体设计，在前期设计整体架构时就要考虑更多自由空间的划分，各空间怎样满足家里每个人的生活习惯，各空间交接处的衔接及过渡是否合理等问题。

1. 门厅的装饰设计

住宅建筑一进门，从功能分析，需要有一个由户外进入户内后的过渡空间，是调节人们心理状态和防止污染侵入的缓冲区，主要功能是脱换鞋、存储鞋和雨具、存放包袋及小物品，同时也是整套住宅的屏障。门厅面积一般为 $2 \sim 4m^2$，

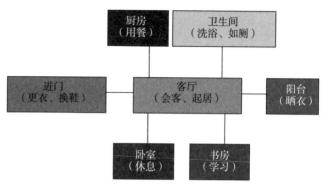

图 2-3-1　住宅基本功能关系示意

面积虽小，却关系到家庭生活的舒适度、品位和使用效率。小面积住宅常利用进门处的通道或由起居室入口处一角作适度安排，一些面积较宽敞的居住建筑，如公寓、别墅类住宅，常于入口处设置单独的门斗、前室或门厅，通常需设置鞋柜、挂衣架、衣橱或储物柜等。在装饰中应充分考虑第一位置的视觉形象和用意，可引用建筑学的透景、露景和借景等处理手法，以起到相应的阻挡和延缓作用，避免"开门见山，一览无余"。在形式处理上，门厅应以简洁生动，与住宅整体风格相协调为原则，可做重点装饰屏障，使门厅具备识别性强的独特面貌，体现住宅的个性。单独设置的空间还应考虑合适的照明灯具，面积允许时也可放置一些陈设小品和绿化等，使进门后的环境能给人留下良好的第一印象，地面材质以易清洁、耐磨的同质陶瓷类地砖为宜。

2. 卧室与书房设计

（1）卧室设计　人的一生当中大约有 1/3 时间在卧室里度过，因此，人们始终对它非常地重视。卧室又称寝室，其空间性质主要是睡眠和休息的空间，有时也兼作学习、梳妆等活动场所。卧室是住宅居室中最具私密性的房间，卧室应位于住宅平面布局的尽端，以不被穿通；即使在一室户的多功能居室中，床位仍应尽可能布置于房间的尽端或一角。室内设计应营造一个恬静、温馨的睡眠空间。住宅中有两个或两个以上卧室时，通常一间为主卧室，供夫妇居住，其余为老人或儿童卧室。主卧室设置双人床、床头柜、衣橱、休息座椅等必备家具，可根据卧室平面面积的大小和房主使用要求，设置梳妆台、工作台等家具，有的卧室外侧通向阳台，增加了与室外环境的交流。现代住宅趋向于相对地缩小卧室面积，以扩大起居室面积，家具布置的多少和布置方式取决于人们各自的生活方式及习惯，不宜过多。卧室各界面的用材也各不相同，地面以木地板为宜，墙面可用乳胶漆、墙纸或部分用软包装饰，以烘托恬静、温馨的氛围，吊顶宜简洁或设少量线脚，卧室的色彩仍宜以淡雅为主，但明度可稍低于起居室。同时，卧室中床罩、窗帘、桌布、靠垫等室内软装饰的色彩、材质、花饰也会对卧室氛围的营造起很大作用，装饰上尽量减少不必要的部件，应集中体现休息和睡眠的功能（图 2-3-2）。

1）主卧室设计。主卧室是指户主的私人生活空间。功能上来说也较其他卧室齐全，包括睡眠区、休闲区、化妆区、卫生区、储藏区五个部分。

① 在形式上主卧室的睡眠区可分为两种基本模式，即共享型和独立型。共享型是指户

主，一般来说是已婚的，夫妻双方共享一个公共空间进行睡眠休息等活动。独立型则是以同

一空间的两个独立区域来处理双方的睡眠和休息问题，以尽量减少夫妻双方的相互干扰。以上两种模式，在生理上、心理上符合不同阶段夫妻生活的需要。

② 休闲区是以满足主人在卧室内进行视听、阅读、思考等以休闲活动为主要内容的区域。应选择适宜的空间区位，配以家具与必要的设备，如沙发、休闲椅等。

③ 化妆区一般以美容为中心，以梳妆为主，可按照空间情况及个人喜好采取组合式或嵌入式的家具形式。

图 2-3-2　别墅主卧室

④ 卫生区主要指卧室专用的卫生间、浴室，在实际居住条件达不到时，也应使卧室与浴室、卫生间保持一个相对便捷的位置。

⑤ 储藏区多以衣物、被褥储藏为主，用嵌入式的壁柜较为理想，也可根据实际情况，设置容量与功能较为完善的其他形式的储藏家具。

2）次卧室设计。次卧室是指除主卧室之外的卧室，一般可分成儿童卧室、老年人卧室和客人卧室三种形式。

① 儿童卧室。儿童卧室是儿女成长的空间。伴随其生长阶段，又可分为婴儿期卧室、幼儿期卧室、儿童期卧室等。儿童卧室在设计上应充分照顾到小孩的年龄、性别与性格等个性因素。在装饰布置和家具尺度上要考虑远期的发展变化。儿童卧室同样可分睡眠、学习与休闲区域，结合其自身的性格因素与业余爱好进行设计。

② 老年人卧室。老年人从心理上和生理上均会发生许多变化，设计时要适应老年人好静的特点：门窗、墙壁的隔声效果要好，居室以朝南为好，家具摆放要充分满足老年人起卧方便的要求，家具布置宜采用直线、平行的布置法，使视线转换平和，避免强制引导视线的因素。另外，色彩宜选择古朴、平和的色彩，为老人创造一个有益于身心健康，亲切、舒适、幽雅的环境。

③ 客人卧室。在有条件的住宅内，可专门设置客人卧室。卧室内除了睡眠与休息两种基本活动外，还应包括客人梳妆、更衣、临时储藏、简单书写等功能。

3）卧室照明设计。卧室照明要有利于构成宁静、平和、隐秘、温馨的气氛，使人有一种安全感。睡眠环境适用柔和的间接照明，因为柔和的光线可以使室内具有温暖感。另外，间接照明不会形成较强的阴影，在心理上会给人一种安全、放心的感觉。

卧室照明可分成整体照明、床头照明、夜间照明、梳妆照明等形式。

① 整体照明。卧室整体照明的照度不宜过高，光线宜柔和，以使人更容易进入睡眠状态。设置在顶部的整体照明，应选择间接、半间接或漫射型的照明方式。如果卧室不兼作其

他功能使用，可以不设置顶部照明，以免人在卧床时光源进入人的视觉范围而产生眩光，可用局部照明作为辅助光源。

② 床头照明。人们在睡眠前常常进行阅读书报等活动，在床头可设置台灯、壁灯或落地灯作为人在卧床时阅读及对周围环境的照明，要根据阅读等活动的需要使其达到足够的照度。为进一步营造卧室的温馨、平和气氛，光源要以暖光源为主。

③ 夜间照明。为避免由于夜间开启卧室其他照明对还处在朦胧睡意中的人造成强烈的亮度刺激，影响其继续进入睡眠状态，可在床下方或墙壁下方设置夜灯，照度以 0.1lx 为宜，其亮度能发现所需物件的位置，能确定自己需要行进的方向即可。夜灯开关应设置在床头人方便触摸的地方，也可用电子声控开关和自熄开关。

④ 梳妆照明。对兼有梳妆功能的卧室，要在梳妆台装置镜镶灯。通常采用漫射型乳白玻璃罩安装在镜子上方，在视野 60° 立体角外，以防止眩光。要选择显色性好的光源灯光直接照向人们的面部，照度以 200lx 为宜。

（2）书房设计　书房是家庭中较为内向型的空间，具有较强的私密性。传统的观念认为，书房只是专门为主人提供阅读、书写、工作、藏书、制图等活动的空间环境，功能较为单一。随着时代的进步，当今的书房有"第二起居室"之称，因为当起居室的人们正观赏精彩的电视节目时，书房则是与朋友谈天说地的代用空间。书房同时还是主人修养、文化类型、职业性质的展示室，可根据职业特征和个人爱好设置特殊用途的器物，如设计师的绘图台，画家的画架等。除了摆放书籍外，还可悬挂画及能体现主人个性、职业特点的陈设品。其空间环境的营造应体现文化感、修养感和宁静感，形式表现上讲究简洁、质朴、自然、和谐的风尚。

1）书房的布局。书房可以划分出工作和阅读区域、藏书区域两大部分，还应设置休息谈话区。其中工作和阅读区域应是空间的主体，应在位置、采光上给予重点处理，与藏书区域联系要便捷、方便（图 2-3-3）。

2）书房的家具设施。根据书房的具体性质及主人职业特点，其家具可分为如下几类。

① 书籍陈列类家具：书架、文件柜、博古架、保险柜等。

② 阅读工作台面类家具：写字台、操作台、绘图工作台、电脑桌、工作椅等。

③ 附属设施：休闲椅、茶几、文件粉碎机、音响、工作台灯、笔架等。

图 2-3-3　书房

3）书房的装饰设计。书房是一个工作空间，它要和整个家居的气氛相和谐，同时又要巧妙地应用色彩、材质变化及绿化等手段，来创造出一个书卷气的宁静、温馨的工作环境。在家具布置上，书房不必像办公室那样整齐、干净以表露工作作风之干练，而要根据使用者的工作习惯来布置摆设家具、设施甚至艺术品，以体现主人的品位和个性。

4）书房的照明设计。书房的照明设计要有助于创造一个宁静温馨、舒适愉快的视觉环境。书房的整体照明可用吸顶灯，但要注意整体照明不要过亮，以使人注意力集中到局部照明的作业环境中去。工作照明是配合阅读或工作时用的，其照度应满足人在此能进行有效的视力工作的要求，所以要选择显色性好的光源。装配荧光灯光源的反射式灯具是较理想的工作照明灯具，其光源位置应在离工作台面 0.3 ~ 0.6m 之间自由调节的高度范围，并有遮光灯罩。另外，工作台面的局部照明灯具最好是可移动的，能针对不同的需要变动灯位及照射角度。

3. 楼梯的设计

别墅装修时，楼梯的设计是家居一道亮丽风景，它不仅是交通的枢纽，更是装饰上的关键点之一。楼梯的造型和布局直接影响着整个别墅空间的构造和家居装饰的成败。室内整体风格是楼梯设计的基本依据，两者风格保持一致，才能使整个环境和空间构造相和谐。楼梯的色彩应与一层的色彩设计相配合，其质感也相当关键。楼梯是室内的路径，所以首先应考虑的是其实用性，其次才是其视觉上的美感。楼梯的大小、空间布局都应配合整体空间的设计，还应重视楼梯下部空间的利用。

（1）楼梯的形式

1）直梯——最为常见也最为简单的楼梯形式，颇有一意孤行的味道，笔直的几何线条给人挺括和"硬"的感觉（图2-3-4）。

2）弧形梯——以曲线来实现上下楼的连接，美观，而且可以做得很宽，没有直梯那种生硬的感觉，是行走起来最为舒服的一种（图2-3-5）。

图 2-3-4　直线形木质楼梯　　　　　　　　图 2-3-5　弧形大理石饰面楼梯

3）旋梯——对空间的占用最小，盘旋而上的蜿蜒趋势也着实让不少人着迷。

房子空间的尺度、层高的尺寸已经定型，为了上下楼方便与舒适，楼梯需要一个合理坡度，楼梯的坡度过陡，不方便行走，会带给人一种"危险"的感觉。如果轻松地拾级而上，就需要有一定的空间给楼梯一个延伸的余地。但如果这两个条件受到限制，就不得不谨慎考虑，以利于空间的节约。对于狭小的空间来说，旋梯是比较明智的选择。在布置楼梯时，各部位尺寸考虑可参考表2-3-1。

表 2-3-1　楼梯各部位的尺寸要求

楼梯各部位名称	尺寸要求
楼梯天花板的高度 （楼阶的前端至天花板的距离）	一般应以 200cm 左右为宜，最低不可少于 180cm，否则将产生压迫感
栏杆间的距离	两根栏杆的中心距离不要大于 12.5cm，不然小孩的头容易伸出去
楼梯扶手的合理高度	一般在 80～110cm 之间
楼阶的高度与深度	楼梯阶梯的理想高应为 15～21cm，阶面深度为 21～27cm，这是上下楼梯时最为轻松舒适的幅度
楼梯的阶梯数	一般为 15 阶左右

（2）楼梯的材质

1）木楼梯。木楼梯是目前市场占有率最大的一种楼梯。主要原因是木材本身有温暖感，给人一种温馨的感觉，加之与地板材质和色彩容易搭配，施工相对也较方便。但木楼梯的耐磨性较差，不易保养和维护。对柱子和扶手的选择，应做到木材和款式尽量般配。

2）玻璃楼梯。玻璃楼梯符合透明的潮流，更受前卫人群的欢迎。玻璃楼梯的优点是轻盈，线条感性、耐用，不需任何维护，缺点是会给人一种冰冷的感觉。用于踏板的玻璃一般是钢化玻璃，承重量大，以透光不透明的玻璃为最佳。

3）大理石楼梯。大理石楼梯适合室内已经铺设大理石地面的居室，以保持室内色彩和材料的统一性，但在扶手的选择上大多保留木制品，使冷冰冰的空间内，增加一点暖色材料。大理石踏板虽然触感生硬且较滑（一般要加防滑条），但装饰效果豪华，易于保养，防潮耐磨，广泛运用于空间较大的别墅之中。

4）铁艺楼梯。铁艺楼梯具有强烈的时代气息，它来源于工厂化设计和制造，其造型新颖多变，不占用空间，安装和拆卸也方便。这种楼梯实际上是木制品和铁制品的复合楼梯。有的楼梯扶手和护栏是铁制品，而楼梯板为木制品；也有的是护栏为铁制品，扶手和楼梯板采用木制品。比起纯木制品楼梯来，这种楼梯似乎多了一份活泼情趣。现在，铁艺楼梯护栏中锻打的花纹选择余地较大，有柱式的，也有各类花纹组成的图案；色彩有仿古的，也有以铜和铁的本色出现的。这类楼梯扶手都是量身定制的，加工复杂，价格较高。

除上述四类材质外，还有钢制拉伸楼梯、麻绳加木板式楼梯等，这类既新潮，又有点回归自然的装饰，价格低廉，也不失为时髦的选择。在楼梯的材质上，更多人喜欢"混搭"使用，如木铁组合、不锈钢与玻璃组合等，比起单一纯粹的材料来，多一种元素的加入就会多一份情趣。楼梯是整个室内装修的一部分，选择什么样的材料做楼梯，必须与整个装修协调一致，让它既有实用价值，又产生富有动态感的空间艺术效果。

（3）楼梯空间的设计　楼梯空间的设计：一是指楼梯所在空间的效果和家居整体环境的关系是否和谐；二是指楼梯下部空间的处理。

1）空间衔接，即在平面的某个位置用楼梯进行衔接。通常，多层别墅设计中最常见的空间衔接方式是保留一层客厅的方正空间，然后在空间的一侧，像开门一样开出楼梯，延伸至上层空间。这是一种不容易出错的方式，也符合大多数人的心理习惯。

2）空间想象力。无论哪种楼梯，都实现上下衔接的功能。但同样的楼层，直上直下的楼梯会让我们感觉很累，爬上去后会气喘吁吁。反之，蜿蜒而上的楼梯，我们爬上去感觉似乎很轻快，人的心理往往就是这么微妙。家居中的楼梯也是这样，直上直下往往不会让我们产生什么感觉，但沿着一个扇形楼梯或者波浪纹楼梯拾阶而上，一种豪华尊贵的感觉就会悄然包裹我们。

3）巧妙布置楼梯下空间。楼梯安装之后都会在楼梯下出现一个空间。这个空间不能空着，一般可以布置成文化展览区，或者小吧台。如果楼梯是直上直下式，那么下部空间很适合布置成入墙书柜。

4. 庭院的设计

住宅除室内空间外，根据不同条件常常还设置有阳台、露台、庭院等家庭户外活动场所。阳台或露台，在形式上是一种架空或通透的庭院，以作为起居室或卧室等空间的户外延伸，在设施上可布置坐卧家具，起到户外起居或阳光沐浴的作用。庭院为别墅或底层寓所的户外生活场所，是室内空间的重要组成部分，是室内绿化的集中表现，是把室内室外化的具体实现，旨在使生活在楼宇中的人们方便地获得接近自然、接触自然的机会，可享受自然的沐浴而不受外界气候变化的影响，这是现代文明的重要标志之一。一般以绿化、花园为基础，配置供休闲、游戏的家具和设施（图2-3-6），如茶几、靠椅、摇椅、秋千、滑梯和戏水池等，其设计特点是创造一种享受阳光、新鲜空气和自然景色的环境氛围。而庭院的作用和意义不仅仅在于观赏价值，而是作为人们生活环境不可缺少的组成部分，尤其在当前许多室内庭园常和休息、餐饮、娱乐等多种活动结合在一起为群众所乐于接受，因而也就充分发挥了庭园的使用价值，获得了一定的经济效益和社会效益。

图2-3-6　庭院休闲小景

（1）庭院的分类　庭院根据设计的不同分为三种形式。即自然式庭院、西式庭院和混合式庭院。自然式庭院，就是无论从设计、植物的移植都以回归自然为主线；西式庭院又称规整式庭院，多些人为的景观；而混合式庭院则是综合以上两种庭院的特点来设计完成的。

（2）庭院的设计风格与别墅设计风格应整体统一　一般说来，某种风格的别墅，为了统一，花园的风格也应该一致。比如，上海别墅设计中式风格就适合园林风格的花园，看上去相得益彰；而现代欧式风格的别墅就与欧式的花园搭配，才能体现出欧式建筑的底蕴。当然别墅设计风格搭配并没有规定，完全不必墨守成规，就像中式别墅与日式风格的花园相互搭配，由于日式风格受中国传统文化影响颇深，大气的建筑与精致的花园同样体现出主人不拘一格的品位；欧式别墅同样也可以在地中海风格的花园映衬下，表现得淋漓尽致，园内遍布各处的盆栽、小品也无处不体现着欧洲的浪漫风情。总之，只要选择一个自己喜欢的，同时又不破坏建筑与花园的协调感就好。

（3）庭院的设计原则

庭院设计应遵循以下原则：

1）均衡。均衡又称平衡，是人对其视觉中心两侧及前方景观物具有相等趣味与感觉的分量。如前方是一对体量与质量相同的景物，如一对石狮或华表，即会产生平衡感。

2）比例。庭院设计中到处需要考虑比例的关系，大到局部与全局的比例，小到一木一石与环境的小局部。

3）韵律。音乐或诗词中按一定的规律重复出现相近似的音韵即称为韵律。设计别墅花园也是如此，只有巧妙地运用多种韵律的同步，才能使游人获得韵律感。

4）对比。对比是把两种相同或不同的事物或性格作对照或互相比较。如创造庭院的形象时，为了突出和强调园内的局部景观，利用相互对立的体形，色彩、质地、明暗等使景物或气氛合在一起表现，以造成一种强烈的戏剧效果，同时也给游人一种鲜明的显著的审美情趣。

5）和谐。和谐又称谐调，是指花园内景物在变化统一的原则下达到色彩、体形、线条等在时间和空间上都给人一种和谐感。

6）质地。质地是指园景中生物与非生物体表面结构的粗细程度，以及由此引起的感觉。大自然中的美无处不在，如植物的叶片要得到阳光，所以很自然地互相嵌合并摆匀表面的空间，绿色或彩色的树叶会自然显示出一种色彩美。质地美也是到处可见，如细软的草坪，深绿色的青苔均匀而细腻，如果在旁边一片河沙中放一块光润的顽石，这一组质地相近的景物显然会呈现谐调之美。

7）简单。"简单"用在园林设计中是指景物的安排要以朴素淡雅为主。自然美是庭院设计中刻意追求和模仿的要点，自然美被升华为艺术美要经过一番提炼，应当在朴素淡雅的原则之下进行取舍。

8）寻求意境：庭院这类艺术品在成"境"之后就成为欣赏者游乐之所，创作的形象和情趣已经触发游人的联想和幻想，换言之就是有"意境"，而且是持久隽永的意境。

【设计案例】 某别墅室内装饰设计

本方案为别墅住宅，业主家里三代同堂，设计效果要求温馨而不奢华，比较偏爱欧式风格，功能上特别要求设计一个保姆房，衣帽间。

别墅一层有车库和游泳池，除了安排了客卧和客厅功能以外，还专门为主人设计了一个酒吧，游泳完可以在吧台休息喝杯小酒（图2-3-7）。二层主要布置了保姆房、老人房以及客卧和餐厅（图2-3-8）。三层为主人卧室和小孩房，在他们卧室里分别单独布置了衣帽间。靠近空中花园的房间为主人的书房，工作一段时间后可以到庭院散散步，欣赏花草，调节视力疲劳（图2-3-9）。

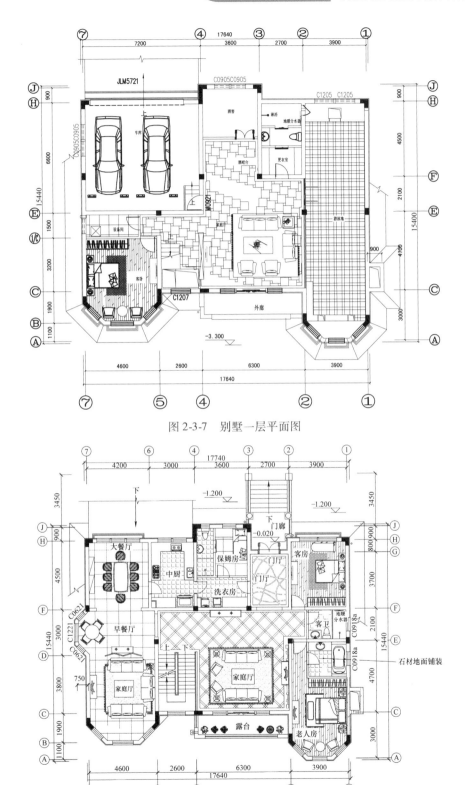

图 2-3-7　别墅一层平面图

图 2-3-8　别墅二层平面图

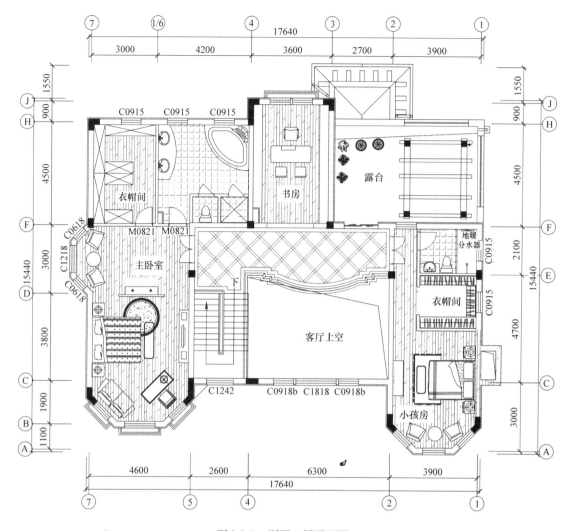

图 2-3-9 别墅三层平面图

别墅客厅设计得大气温馨，井格式的吊顶美观且大方，楼梯下边设计了圆形吊顶，打破了方形的单调，落地通透的玻璃窗使整个屋里阳光明媚。整个设计都是以黄色为主要基调，装修效果和谐、安静。客厅地板为浅黄色，沙发为浅褐色，造型墙面和茶几为深褐色，楼梯栏杆也是深浅搭配（图 2-3-10）。

卧室的地板和床头背景墙也都是黄色调，床头背景墙中间为壁纸，两边用皮革软包做造型（图 2-3-11）。木地板、皮革和壁纸的搭配，更加衬托出卧室的温馨宁静。而圆形的吊顶设计和客厅恰恰相互呼应，也象征了一家人美满幸福的生活。靠窗处设计了休闲椅，主人可以坐着看杂志，也可以眺望窗外的美景，沐浴着阳光，享受着惬意的生活（图 2-3-12）。

图 2-3-10 客厅效果图

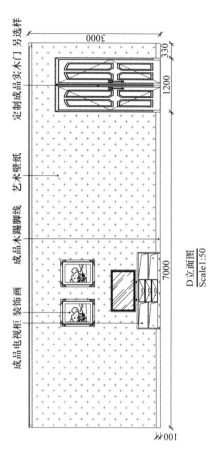

D立面图
Scale1:50

定制成品实木门　另选样
艺术壁纸
成品木踢脚线
成品电视柜　装饰画

图2-3-11　卧室立面图

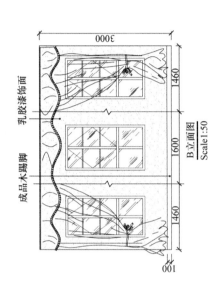

B立面图
Scale1:50

乳胶漆饰面
成品木踢脚

A立面图
Scale1:50

石膏线白色乳胶漆　艺术壁饰面
成品木质踢脚线

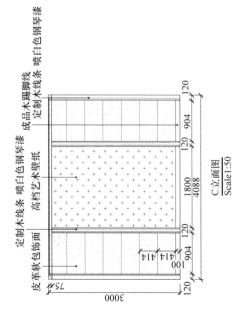

C立面图
Scale1:50

成品木踢脚线　喷白色钢琴漆
定制木线条
高档艺术壁纸
定制木线条　喷白色钢琴漆
皮革软包饰面

149

餐厅分成了两部分设计，一边是吃饭时的餐桌，一边是喝下午茶的小餐桌；一个是方形的吊顶，一个是多边形吊顶，和客厅的方形和圆形也是相呼应的；而地面的圆形图案也和吊顶相呼应，达到了对比统一，效果生动而丰富。浅黄色地面搭配黄色餐桌、餐椅和深褐色柜子，使餐厅显得和谐稳重（图 2-3-13）。

图 2-3-12　卧室效果图

图 2-3-13　餐厅效果图

【项目实训】　简欧风格别墅设计

1. 项目实训条件

该住宅为某高档小区两层别墅，主人为中年夫妻，均为外企员工，高学历、高收入、高品位。三口之家，家庭结构简单，家有一男孩正读初中，要求设计方案要体现业主身份特点，并体现一定的文化品质和精神内涵。户型平面如图 2-3-14、图 2-3-15 所示。

2. 项目实训要求

要求对此别墅进行室内装饰设计，设计风格为简约的欧式风格设计，注意各房间的风格要保持统一，空间功能布置合理，组织有序。

3. 项目设计实训内容

（1）平面布置图（1:100 或 1:50）

1）功能分区：利用功能家具对空间进行功能分区，分区应满足不同的要求。

2）流线组织：使各功能空间交通路线便捷，互不交叉。

3）表明不同功能区域的地面材料纹样、色彩、质地、尺寸及铺设方式，同时考虑主要家具、陈设、绿化小品等的尺度、造型和位置。

4）尺寸标注。

（2）顶棚平面镜像图（1:100 或 1:50）

1）顶棚构造：表明顶棚造型。

2）照明设计：根据室内不同区域的不同照度、色温要求布置灯具。注明灯具类型、尺寸、设置位置等。

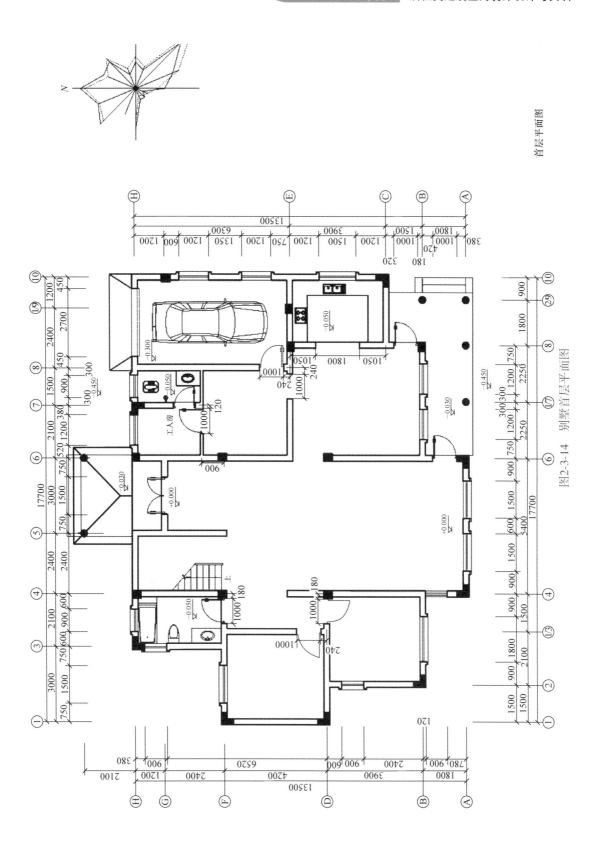

首层平面图

图2-3-14 别墅首层平面图

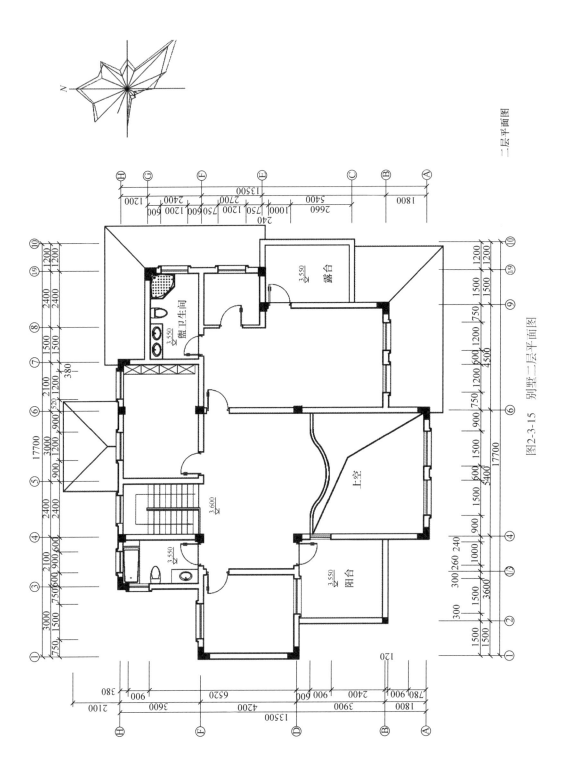

图2-3-15 别墅二层平面图

3）标明房间的标高。

4）尺寸标注。

（3）立面展开图（1:100或1:50）

1）表明主要墙面门窗洞口，墙体造型的标高、尺寸、位置。

2）表明主要家具、陈设等的位置、尺寸及细部做法。

3）表明墙体造型的装修做法，如材料、色彩、质感、构造做法等，必要时绘出构造详图。

4）尺寸标注。

（4）详图 要求用大样图、剖面详图对地面、吊顶、墙面、小品、办公家具等的重要造型变化、构造做法作详细说明，详图不得少于三个，并注明详图索引。

（5）效果图

1）表现手法自选（计算机、手绘等表现形式不限）。

2）透视正确，室内环境气氛、空间尺度、比例关系等表达准确、恰当。

3）室内材料色彩、质感，家具风格及绿化、小品等表现准确、生动。

（6）设计说明 简要说明设计立意、环境艺术气氛创造手法并附装修材料明细表。

4. 工作任务评价

成绩按优秀、良好、中等、及格和不及格五级评定。考核标准见表2-3-2。

表2-3-2 课程设计教学环节考核标准

实践环节名称	考核单元名称	考核内容	考核方法	考核标准	最低技能要求
别墅室内装饰设计	设计创意	方案构思	检查批改	优秀：能够很好地利用所学的知识，在满足各种功能和技术要求的前提下，具有高度的独创性，主题表达清晰，个性鲜明 良好：较好地达到上述要求 中等：能够达到上述要求 及格：能够独立完成 不及格：未达到上述要求	及格
	成果质量	成果质量	检查批改	优秀：设计方案合理，图纸完整无误，图面整洁，独立完成，较好符合制图标准要求 良好：较好地达到上述要求 中等：能够完成绘图要求及内容 及格：基本完成绘图要求及内容 不及格：未达到上述要求	及格
	学习态度	分次上缴成果的质量，出勤情况	检查批改考勤	优秀：思想上重视，分次上缴的成果完整，能够反映出整个方案的构思过程，无缺勤现象 良好：较好地达到上述要求 中等：达到上述要求 及格：基本达到上述要求 不及格：达不到上述要求或缺勤三分之一者	及格

单 元 3

公共建筑空间装饰设计与实训

【单元概述】

本单元主要从办公空间、商业空间和餐饮空间三个课题讲述公共建筑空间装饰设计原理和设计方法。办公空间主要阐述分类、功能构成、设计要点及设计程序和方法。商业空间主要阐述购物空间的设计含义及类别、整体分区与动线设计、商业空间设计要点。餐饮空间主要阐述分类、就餐环境与客户群的分析、环境气氛的营造方法、空间设计程序与方法等。

【学习目标】

通过学习本单元内容，了解各种公共建筑空间的功能组成及组合关系，能够正确分析并合理组织空间功能布局，掌握各种公共空间环境气氛营造的设计要点，并注意各设计要素的灵活运用。通过设计项目实训，掌握公共建筑空间设计的程序与方法，灵活运用设计要素，独立完成各类常见公共建筑空间的装饰设计，并能够熟练地进行设计表达与有关图纸的绘制。

课题 1 办公建筑空间装饰设计

一般来说，人类社会的基本活动可以归纳为居住、工作、游憩、交通四大类，而办公则是人类最主要的工作活动之一。近代真正意义上的办公建筑空间的诞生是在西方工业革命之后，在新材料、新技术、新功能催生下产生了大量新类型的办公建筑。1914 年格罗皮乌斯在科隆设计的德意志制造联盟展览会办公楼（图 3-1-1）标志着现代办公建筑的开端。

城市经济的发展，使城市信息、经营、管理等方面都有了新的要求，也使办公建筑有了迅速发展；同时，以现代科技为依托的办公设施日新月异，既使办公模式多样而富有变化，又给人们对办公建筑室内环境行为模式的认识，从观念上不断增添新的内容。办公空间设计就是针对人们的工作方式进行符合这种工作方式的工作场所的空间设计。空间的有效使用和其功能的完善，就是办公空间设计的意义，也是一项复杂的任务。

图 3-1-1 德意志制造联盟展览会办公楼

3.1.1 办公空间的分类

1. 从使用性质分类

（1）行政办公 行政办公用空间使用者的工作性质主要是行政管理和政策指导，如各级机关、团体、事业单位、工厂企业的办公楼（见表 3-1-1）。

表 3-1-1 我国各级行政机构建造的行政办公楼按面积标准分的等级

行政地区	每平方米/人	总使用面积系数	等级
部、省级机关办公楼	13 ~ 15	≥ 60 %	一级办公楼
市（地）级机关办公楼	11 ~ 12	≥ 60 %	二级办公楼
县（地方市）级机关办公楼	9 ~ 10	≥ 65 %	三级办公楼

（2）商业办公 商业办公用空间即工商业和服务业的办公空间，其风格往往带有行业性质。因商业经营的需要，其办公空间比较注重形象风格。

（3）专业办公 这种办公空间为各专业单位所使用的办公室，其属性可能是行政单位或企业，不同的是这类办公空间具有较强的专业性。例如，设计机构、科研部门、商业、贸易、金融、投资信托、保险等行业的办公楼。

（4）综合办公 综合办公空间一般为含有公寓、商场、金融、餐饮、娱乐及办公室综合设施的办公楼。

2. 按布局分类

（1）开放式办公空间 开放式办公空间为若干部门置于一个大空间之中，每个工作台通常又用矮挡板分隔。其优点是有利于办公人员和组团之间的联系与透明化，提高办公设施与设备的利用率，减少公共交通面积，缩小人均办公面积，从而提高了办公建筑主要使用功能的面积率，同时易于组合、搬迁；缺点是部门之间干扰大，风格变化小，空调消耗大（图 3-1-2）。

图 3-1-2 开放式办公室

开放式办公空间在设计上，应体现方便、舒适、清新、明快、简洁的特点，门厅入口应有企业形象的符号、展墙及有接待功能的设施，高层管理小型办公室设计则应追求领域性、稳定性、文化性和实力感。一般情况下紧连高层管理办公室的功能空间有秘书、财务、下层主管等核心部门。开放式办公空间有大、中、小之分。通常大空间开放式办公室的进深可在10m 左右，面积以不小于 400m² 为宜，同时为保证室内具有稳定的噪声水平，办公室内不宜少于 80 人。如果环境设施不完善，大空间办公室室内将会嘈杂、混乱、相互干扰较大。近年来，随着空调、隔声、吸声、办公家具以及隔断等设施设备的发展与优化，开放式办公空间的室内环境质量也有了很大提高。

（2）单元型办公空间　在写字楼出租某层或某一部分作为单位的办公室，以部门或工作性质为单位，分别安排在不同大小和形状的房间之中，相对比较独立。其优点是相互干扰小，空调、灯具可独立控制；缺点是不易搬迁、组合，工作人员多时占用空间大（图 3-1-3）。

通常单元型办公室内部空间分隔为接待会客、办公（包括高级管理人员的办公）等空间，还可根据需要设置会议、盥洗卫生等用房。设在写字楼中的晒图、文印资料展示、餐厅、商店等服务用房供公共使用。由于既能充

图 3-1-3　某公司领导办公室

分运用大楼各项公共服务设施，又具有相对独立、分隔开的办公功能，因此，单元型办公室常是商贸办事处、设计公司、律师事务所和驻外机构办公用房的上佳选择。近年来兴建的高层出租办公楼的内部空间设计与布局，单元型办公室占有相当的比例，由于灵活实用，很受市场欢迎。

3.1.2　办公空间的功能构成

办公建筑各类房间按其功能性质分为：

1. 办公用房

办公建筑室内空间的平面布局形式取决于办公楼本身的使用特点、管理体制、结构形式等，办公室的类型可有：小单间办公室、大空间办公室、单元型办公室、公寓型办公室、景观办公室等，此外，绘图室、主管室或经理室也可属于具有专业或专用性质的办公用房。

2. 公共用房

为办公楼内外人际交往或内部人员会聚、展示等用房，如：会客室、接待室、各类会议室、阅览展示厅、多功能厅等。

3. 服务用房

为办公楼提供资料、信息的收集、编制、交流、储存等用房，如：资料室、档案室、文印室、电脑室、晒图室等。

4. 附属设施用房

为办公楼工作人员提供生活及环境设施服务的用房，如：开水间、卫生间、电话交换机房、变配电间、空调机房、锅炉房以及员工餐厅等。

办公空间基本上由以下功能区域组成（见表3-1-2）。

表 3-1-2　现代办公空间应具备的功能区域

功 能 名 称	用　途
门厅	一个企业的门脸，最重要的位置，给客人第一印象的地方。重点设计，精心装修，平均花费较高。其空间设计要反映出一个企业的行业特征和企业管理文化。面积要适度，在门厅范围内，可根据需要在合适的位置设置接待秘书台和等待的休息区，还可以安排一些园林绿化小品和装饰品陈列区
接待室	洽谈等待、展示产品和宣传单位形象的场所。装修应有特色，面积不宜过大，家具可使用沙发、茶几组合。要预留陈列柜、摆设镜框和宣传品的位置
总经理办公室	在现代办公空间设计时也是一个重点。一般由会客（休息）区和办公区两部组成。平面布置应选通风、采光条件较好，方便工作的位置。面积要宽敞，家具型号较大，办公椅后面可设装饰柜或书柜，增加文化气氛和豪华感。办公台前通常有接待洽谈的椅子。地方较大的还可以增设带沙发茶几的谈话和休息区。有些还单独设卧室和卫生间。空间内要反映总经理的一些个人爱好和品味，同时要能反映一些企业文化特征。在布局总经理办公室的位置时，还要考虑当地的一些风水问题
管理人员办公室	为部门主管而设，一般靠近所辖的部门员工，可做独立或半独立空间安排。陈设一般除有办公台椅、文件柜外，还设有接待谈话的椅子，还可增设茶几等设施
员工办公区	员工工作的空间，一般为开敞的办公区域。根据工作需要和部门人数，并参考建筑结构而设定面积和位置，要注意与整体风格的协调
会议室	主要用于接待客户、交流、洽谈和企业内部员工培训和开会的地方。它也是现代办公空间装修设计的重点。设计应根据已有空间大小、尺度关系和使用容量等来确定。如果使用人数在20～30人之内，可用圆形或椭圆形的大会议台形式；如人数较多的会议室，应考虑独立的两人桌，大会议室应设主席台，有些还要具备舞厅功能
财务室	提供财政结算、工资发放的工作空间，陈设一般有办公台椅、文件柜外，还设有接待谈话的椅子，还可增设茶几等设施
资料室	储藏一些工作所需的资料和书籍，面积和位置除了要考虑使用功能方便以外，还要考虑保安、保养和维护的要求
茶水间	提供茶水
通道	在平面设计时要尽量减少和缩短通道的长度。主通道宽一般在1800mm以上，次通道也不要低于1200mm

3.1.3　办公空间设计要点

办公室内环境的总体设计原则是：突出现代、高效、简洁与人文的特点，体现自动化，并使办公环境整合统一。

办公室的主要功能是工作、办公。一个经过整合的人性化办公室，所要具备的条件不外乎是自动化设备、办公家具、环境、技术、信息和人性等六项，这六项要素齐全之后才能塑造出一个很好的办公空间。透过"整合"，我们可以把很多因素合理化、系统化地进行组合，达到它所需要的效果（图3-1-4）。

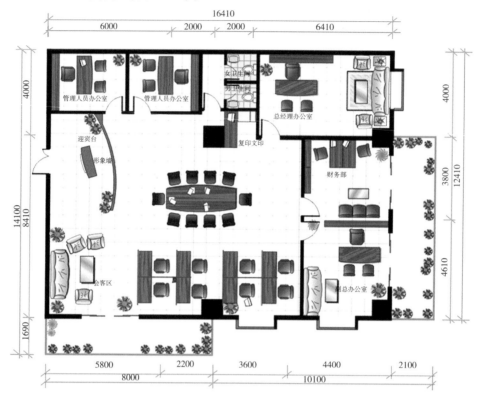

图 3-1-4 某办公空间平面功能布置图

设计时应该对现代化的电脑、传真、会议设备等科技设施有起码的概念，如果只重视外在表现的美，而忽略了实用的功能性，使得设计不能和办公室设备联结在一起，将丧失办公环境的意义。

1. 了解空间的功能需求和工作流程

办公室是由多个既关联又具有一定独立功能的空间所构成，在构想前要充分了解该办公环境的工作流程关系，以及功能需求和设置规律，这有利于设计的因地制宜及目标的建立。

2. 确定各类用房的大致布局和面积分配比例

根据办公室空间的使用性质、建筑规模和相关标准来确定各类用房的大致布局和面积分配比例，既应从现实需要出发，又适当考虑功能、实施等在日后变化时进行调整的可能性。一般来说，办公室面积定额为 $3.5 \sim 6.5 \mathrm{m}^2 /$人。

3. 确定出入口和主通道的大致位置和关系

办公建筑各类房间所在位置及层次，应将与对外联系较为密切的部分布置在近出入口或近出入口的主通道处，不同功能的出入口尽可能单独设置，以免相互干扰。如把收发传达设置于出入口处，接待、会客及一些具有对外性质的会议室和多功能厅设置于近出入口的主通道处，人数多的厅室还应注意安全疏散通道的组织。

4. 注意便于安全疏散和通行

从安全疏散和有利于通行考虑，袋形走道远端房间门至楼梯口的距离不应大于22m，且走道过长时应设采光口，单侧设房间的走道净宽应大于1.3m，双侧设房间时走道净宽应大于1.6m，走道净高大于2.1m。防火门设置要求：必须保证每个位置距消防出口的距离不能大于30m；防火通道的宽度不能小于1.2m；每个喷淋头服务的建筑面积为10m²左右；喷淋头之间的间距为3.6m；喷淋头离墙围不大于1.8m；烟感器的服务面积为50m²左右；安装在天花的最高处；每个封闭的空间，不管房间大小，必须至少有一个烟感器。

5. 把握空间尺度

根据人体尺度，把握舒适合理的空间尺度，平面布置时要考虑家具、设备和使用时必要的活动空间尺寸（见表3-1-3），办公人员工作位置（按功能需要可整间统一安排，也可组团分区布置，通常5~7人为一组团或根据实际需要安排），包括活动、通行所必需的基本尺度及依据功能要求排列的方式，以及房间出入口至工作位置、各工作位置相互间联系的室内交通过道的设计安排等。根据办公楼等级标准的高低，办公室内人员常用的面积定额为3.5~6.5 m²/人，据上述定额可以在已有办公室内确定安排工作位置的数量（不包括过道面积）。

表3-1-3　办公空间常用尺寸　　　　　　　　　　　　（单位：m）

名　称	尺　寸	名　称	尺　寸
接待台	高1.15；宽0.6	会议室最小办公空间	宽3.3；长5
员工侧离背景墙距离	1.3~1.8	会议室电视柜	宽0.6
总经理室最小办公空间	宽3.3；长4.8	办公室办公空间	宽2.7；长3.3
沙发	宽0.6~0.8；高0.35~0.4；靠背面：1	部门经理办公桌（与总经理的座位朝向尽可能保持一致）	长1.8；宽0.9
总经理办公桌	长2；宽1	书柜	高1.8；深0.45~0.5
老板椅	宽1	主通道	宽度为1.2（消防要求）
员工办公桌	长1.4，宽0.7；或长1.2，宽0.6（有1.2高的屏风）	员工办公椅	高0.4~0.45；长/宽0.45
文件柜	宽0.37	茶几（前置型）	长0.9；宽0.4；高0.4
中心会议室客容量	会议桌边长0.6	茶几（中心型）	长0.9；宽0.9；高0.4
环式高级会议室客容量	环形内线长0.7~1	环式会议室服务通道宽	0.6~0.8

6. 深入了解设备和家具的运用

建筑物的空间应具有适应性、灵活性及空间的开放性，办公空间各工作区域净高应不低于2.5m；智能型办公室室内净高分甲、乙、丙级，三等级分别不应低于2.7m、2.6m、2.5m（参见《智能建筑设计标准》GB/T 50314—2006）。

7. 考虑节能和心理感受

办公室应具有天然采光，采光系数的窗地面积比应不小于1:6（侧窗洞口面积与室内地面面积比）；办公室的水平照度标准甲级为不小于500lx，应选用无眩光的灯具；乙级标准为不小于400lx，灯具的布置无方向性，宜结合家具和工作台进行布置，应以间接照明为主，直接照明为辅；丙级标准为不小于300lx，灯具布置以线形为主，选用眩光指数为Ⅱ级的灯具，应以直接照明为主，间接照明为辅，照明要灵活控制，操作方便。照明一般采用筒灯和荧光灯灯盘两种，筒灯主要用在重点部位，办公空间一般采用荧光灯灯盘。一个筒灯的服务范围面积为 $2.5m^2$ 左右；一个 $3*40W$ 荧光灯灯盘的服务面积约为 $10m^2$ 左右，一般采用暖色光。智能办公室甲、乙、丙级室内水平照度标准分别不应小于750lx、不宜小于750lx、不宜小于500lx；室内空调气温应达到的指标甲、乙、丙级分别为冬天22℃/夏天24℃，冬天18℃/夏天26℃，冬天18℃/夏天27℃（参见《智能建筑设计标准》GB/T 50314—2006）。

3.1.4 办公空间设计的程序与方法

1. 办公空间设计的程序

办公空间设计的基本程序是以测量房间的平面尺寸和实地考察为开端，针对设计内容搜集相关的设计资料，进行调查、分析，而后通过整理资料初步拟出设计方案，最后进入实际的规划布置设计阶段。一般可以分为几个步骤：

1）对公司各部门的业务、工作内容与性质、工作流程及设备细节进行考察与分析，以明确各部门及各员工间的关系，供决定其位置时的依据与参考。

2）了解大量现有家具设备的目录和尺寸，列出能被再次使用的现有家具及设备的清单。根据工作需要，决定所需的家具、桌椅等，列表分别详细记载。

3）现场勘察并测量出完整的建筑平面图及结构图，并搜集相关资料。列表将各部门的工作人员及其工作分别记载下来，并按工作人员数额及其办公所需的空间，设定其空间大小。通常办公室的大小，因各人工作性质而异，一般办公室，大者可 $3\sim10m^2$，普通者 $1.5\sim8m^2$ 即可。

4）依据这些步骤所得结果，将信息分析整理，加以研究与计划，绘制办公室平面布置设计方案。

5）进入设计深入阶段，对方案进行细节推敲，深思熟虑，确定最终设计方案，绘制相关的设计图纸及施工图。

整个设计的过程就是一个综合的过程，即把许多根本不同的因素结合到一起成为一个有用的整体。实现创造性的飞跃，即从分析过程到绘制第一个实际方案的飞跃。如果设计前的工作做得非常深入，就会更加接近实际的解决方案，创造性的飞跃也会来得更快，变得更简单。

2. 办公空间的设计方法

（1）办公空间界面设计 办公室室内界面的处理，应考虑管线铺设、连接与维修的方便，选用不易积灰，易于清洁，防止静电的底、侧界面材料。界面的总体环境色调宜淡雅，通常采用蓝或绿色调为主，因为这两种颜色可以舒缓人的紧张情绪，使心情平静。为了使室内色彩不显得过于单调，可在挡板、家具的面料选材时适当考虑色彩明度与彩度的配置。

1）地面。设计时应考虑行走时减少噪声，管线铺设与电话、计算机等的连接等问题。

除特殊情况外，一般办公空间中采用最多的地面设计是地毯（图3-1-5），也可以铺优质塑胶类地毯或木地板。在接待厅可采用大理石材料的地面，采用石材做接待区地面时要考虑两个问题：一个是石材地面与地毯地面的接口问题，另一个是要考虑办公楼本身建筑上的承重问题。如建筑承重荷载承受不起时就不能采用石材地面。有时会在茶水房或储藏室里采用PVC地胶板（又名石英地板砖）或地砖地面。机房对地面有防静电的要求，必须采用防静电材料，如地砖、防静电木质地板、防静电架空地板等。地脚线一般采用 100mm×50mm 的实木线。

2）墙面。视觉感受较为显要，造型和色彩以淡雅为宜。

通常采用墙纸或乳胶漆，采用墙纸会比乳胶漆显得要高档一些。墙纸和乳胶漆的颜色要选用较明快的蓝绿色调，而不能选用易催眠和过于鲜艳的色调，让每个员工既能保持高度的工作热情，又不会因太兴奋而不能安心工作。有些标准较高的办公室也可采用木装修或铝塑板、乳化玻璃墙面（图 3-1-6）等，木装修的墙面或隔断可选用以柳桉、水曲柳为贴面的中间色调，或者以桦木、枫木为贴面的浅色系列。色彩较重的柚木贴面常用于小空间、标准较高的单间办公室。

图 3-1-5　某接待室的地毯地面

图 3-1-6　某办公室乳胶漆墙面

3）顶棚。顶棚的设计应质轻并且有一定的光反射和吸声作用。

顶棚设计中最为关键的是必须与空调、消防、照明等有关设施工种密切配合，尽可能使平顶上部各类管线协调配置，在空间高度和平面布置上排列有序。例如，吊顶的高度与空调风管高度及消防喷淋管道直径的大小有关，为便于安装与检修，还必须留有管道之间必要的间隙尺寸。一些嵌入式吸顶灯、灯座接口、灯泡大小及反光灯罩的尺寸等也都与吊顶具体高度的确定有直接关系。顶棚常用石膏板（图 3-1-7）和矿棉板天花或铝合金天花。一般只会在装修重点部位（如接待区、会议室）做一些石膏板造型天花，其他部位大多采用矿棉板天花，不作造型处理。采用铝合金天花，会增加一些现代感，但造价要比矿棉板天花高得多。使用矿棉板和铝合金天花的优点是便于天花内机电工程的维修。

（2）办公空间照明设计　办公空间的照明主要由自然光源与人造照明光源组成。自然光源的引入与办公室的开窗有直接关系，窗的大小和自然光的强度及角度的差异会对人的心理与视觉产生很大的影响。一般来说，窗的开敞越大，自然光

图 3-1-7　某经理办公室石膏板顶棚

的漫射度就越大，但是自然光过强会令办公室内产生刺激感，不利于室内人员的办公心境。所以现代办公空间的设计，既要开敞式窗户，以满足人对自然光的心理要求，又要注意使光线柔和的窗帘装饰设计，使自然光能经过二次处理，变为舒适光源。

因此，办公空间在设计照明时应注意：

1）在组织照明时应将办公室天棚的亮度调整到适中程度，不可过于明亮，以半间接照明方式为宜。

2）办公空间的工作时间主要是白天，有大量的自然光从窗口照射进来，因此，办公室的照明设计应该考虑到与自然光方向相互调节补充而形成合理的光环境。

3）在设计时，要充分考虑到办公空间的墙面色彩、材质和空间朝向等问题，以确定照明的照度和光色。光的设计与室内三大界面的装饰有着密切关系，如果墙体与顶棚的装饰材料是吸光性材料，在光的照度设计上就应当调整提高，如果室内界面装饰用的是反射性材料，应适当调整降低光照度，以使光环境更为舒适。

（3）办公空间色彩设计　办公室的墙壁、天花板、办公电器等的颜色构成了办公室色调环境。由于不同颜色对人的生理和心理有不同的影响，如果能有效地控制住颜色环境，将有助于减少工作人员的疲劳，保护其视力，提高其辨别事物的速度；有助于给工作人员带来良好的感受，帮助其建立与工作需要相适应的情绪，从而减少工作中的差错和提高工作效率。办公室的色调应在人的生理反应方面接近中性，这样能给人以平静感，有利于保护视力。

通常蓝色、紫色调最易引起眼睛疲劳，红、橙次之，黄绿、绿、蓝绿、淡青等色调引起视力疲劳的较少。红色、橙色有引起兴奋的作用，也会引起不安和神经紧张；蓝色、青色则有镇静作用，在心理上产生清洁、镇静、肃穆的感觉，大面积使用甚至给人以荒凉感。为此，办公室的色调应以绿色、蓝色、青色、白色作为基本色，房间的颜色不要单一或让一种色调占主要地位，而应使天花板、墙围、墙壁、地面的色调有所不同，较亮者在上，较暗者应置于下方。

【设计案例】　某规划与建筑设计公司办公空间室内设计

本案室内面积$122m^2$。要求由接待厅（含 Logo 墙）、开敞式办公区、财务室、经理办公室、洗手间（干湿分离）、过道等六个使用功能区域来组成内部空间。其中开敞式办公区包含两个规划设计项目部。要求开敞式办公区 20～24 人位，财务 2 人位，总经理 1 人位，接待台 1 人位，洗手间 1 人蹲位（图 3-1-8）。装饰装修设计内容包括各空间界面、办公家具、陈设、照明及综合布线等全部内容，另含消防设施中的烟感和喷淋的定位，中央空调进出风口的定位。设计效果充分体现规划建筑设计公司的特性以及良好的企业文化氛围。各功能区布局合理，过渡自然，满足正常设计工作的需要，特别是办公家具与办公电器设备设施合理的衔接性。装修设计档次较高，但不奢华。

将接待厅（含 Logo 墙）布置在了公司进门处，一方面可以宣传企业形象，另一方面也对屋内起到一个屏风遮挡作用，因为该公司也是一个设计公司，所以形象墙和服务台的造型设计感十足，采取黑白对比，具有时尚感。休息区安排在入门拐角处，既利用了空间，也满足了功能要求（图 3-1-9）。

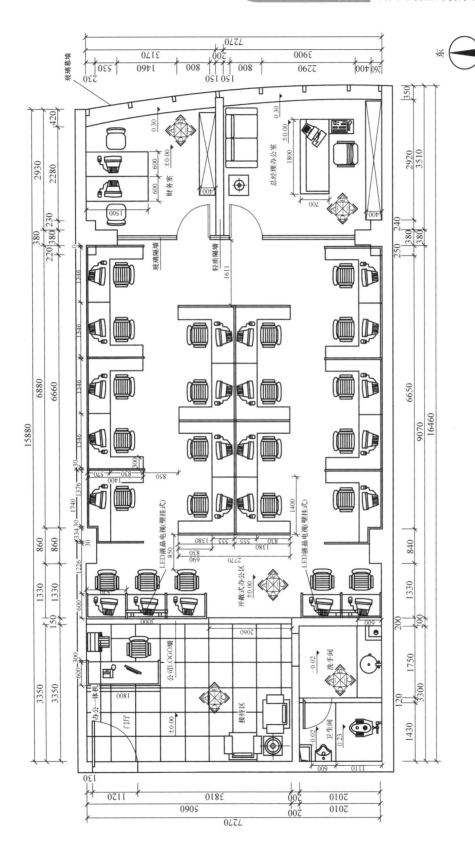

图3-1-8 某规划与建筑设计公司办公空间平面图

开敞式办公区按照两个规划设计项目部的要求，采取了靠墙布置和中间布置相结合，两边各自留出通道，吊顶设计与平面布置相呼应，简单又大方。墙面刷灰色乳胶漆，搭配玻璃材质的办公桌和原木色的木地板，尽显时尚现代感（图3-1-10）。

经理办公室布置在房间的近端处，比较安静，而且使用了玻璃幕墙使光线很好。空间划分了两个区域：办公区和会客区。分别由办公桌椅、书架和沙发茶几组成。为了体现办公室的庄重和严肃，采取了黑胡桃家具（图3-1-11）。

图 3-1-9 接待厅设计

图 3-1-10 开敞式办公区设计

图 3-1-11 经理办公室设计

【项目实训】 某装饰设计公司室内设计

1. 实训条件

原始建筑平面图（图3-1-12），层高4.6m，框架结构体系。

2. 实训要求

装饰设计公司的空间划分要求满足以下功能：接待处、会客室、总经理办公室、会议室、工作室、财务室、休息用餐室、卫生间、图书资料室及优秀成果展示区等。

1）要求反映公司的形象，突出公司的经营理念，体现时代的发展潮流。

2）要求功能分区合理，流线清晰，合理把握界面造型、色环境、光环境、家具、陈设、绿化等设计要素的塑造，创造舒适、高效的办公空间环境。

3）设计方案能体现功能性和艺术性的完美统一，能体现健康、绿色环保、可持续性发展的主题，符合相关规范的要求。具体设计风格不限。

3. 图纸内容及要求

（1）平面布置图（1:100 或 1:50）

1）功能分区：利用功能家具对空间进行功能分区，要求分区满足不同的合理。

2）流线组织：使各功能空间交通路线便捷，互不交叉。

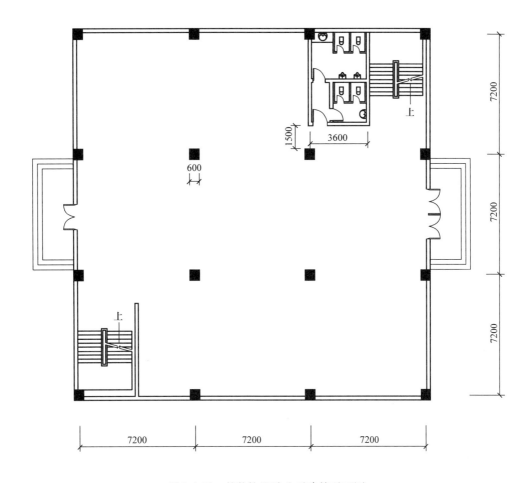

图 3-1-12 某装饰设计公司建筑平面图

3）表明不同功能区域的地面材料纹样、色彩、质地、尺寸及铺设方式，同时考虑主要家具、陈设、绿化小品等的尺度、造型和位置。

4）尺寸标注。

（2）顶棚平面镜像图（1:100 或 1:50）

1）顶棚构造：表明顶棚造型。

2）照明设计：根据室内不同区域的不同照度、色温要求布置灯具。注明灯具类型、尺寸、设置位置等。

3）标明房间的标高。

4）尺寸标注。

（3）立面展开图（1:100 或 1:50）

1）表明主要墙面门窗洞口，墙体造型的标高、尺寸、位置。

2）表明主要家具、陈设等的位置、尺寸及细部做法。

3）表明墙体造型的装修做法，如材料、色彩、质感、构造做法等，必要时绘出构造详图。

4）尺寸标注。

（4）详图　要求用大样图、剖面详图对地面、吊顶、墙面、小品、办公家具等的重要造型变化、构造做法作详细说明，详图不得少于三个，并注明详图索引。

（5）效果图

1）表现手法自选（计算机、手绘等表现形式不限）。

2）透视正确，室内环境气氛、空间尺度、比例关系等表达准确、恰当。

3）室内材料色彩、质感，家具风格及绿化、小品等表现准确、生动。

（6）设计说明　简要说明设计立意、环境艺术气氛创造手法并附装修材料明细表。

4．工作任务评价

成绩按优秀、良好、中等、及格和不及格五级评定。考核标准见表3-1-4。

表3-1-4　课程设计教学环节考核标准

实践环节名称	考核单元名称	考核内容	考核方法	考 核 标 准	最低技能要求
办公环境设计	设计创意	方案构思	检查批改	优秀：能够很好地利用所学的知识，在满足各种功能和技术要求的前提下，具有高度的独创性，主题表达清晰，个性鲜明 良好：较好地达到上述要求 中等：能够达到上述要求 及格：能够独立完成 不及格：未达到上述要求	及格
	成果质量	成果质量	检查批改	优秀：设计方案合理，图纸完整无误，图面整洁，独立完成，较好符合制图标准要求 良好：较好地达到上述要求 中等：能够完成绘图要求及内容 及格：基本完成绘图要求及内容 不及格：未达到上述要求	及格
	学习态度	分次上缴成果的质量，出勤情况	检查批改考勤	优秀：思想上重视，分次上缴的成果完整，能够反映出整个方案的构思过程，无缺勤现象 良好：较好地达到上述要求 中等：达到上述要求 及格：基本达到上述要求 不及格：达不到上述要求或缺勤三分之一者	及格

3.2.1　商业购物空间设计的含义及类别

商场是商业活动的主要集中场所，其从一个侧面反映一个国家、一个城市的物质经济状况和生活风貌。今天的商场功能正向多元化、多层次方向发展，并形成新的消费行为和心理需求，对室内设计师而言，商场室内环境的塑造，就是为顾客创造与时代特征相统一，符合顾客心理行为，充分体现舒适感、安全感和品位感的消费场所。

1. 商业购物空间的含义

商业购物空间是商业空间的一部分，是指为人们日常购物活动提供的各种空间、场所。其中最具代表意义的为各类商场、商店，它们是商品生产者和消费者之间的桥梁和纽带。

2. 商业购物空间的类别

商业空间的发展模式和功能目前正不断向多元化、多层次方向发展：一方面，购物形态更加多样，如商业街、百货店、大型商场、专卖店、超级市场等，另一方面，购物内涵更加丰富，不再局限单一的服务和展示，而是体现出休闲性、文化性、人性化和娱乐性的综合消费趋势，体现出购物、餐饮、影剧、画廊、夜总会等功能设施的结合。作为商业空间主要形式的各类商店，近百年来随着商品经济迅速发展，商店的形式演变成各种不同的样式，依年代先后分述于下：

（1）百货店（Department Store）　1856 年巴黎的孟玛榭百货商店，首先推出有别于以往的杂货店，其货物齐全、附有标价、不还价，并采用信誉卡制，免费包装送货，一时颇受好评，成为现代百货商店之先河。百货商店产生的背景：欧洲进入工业化社会，城市人口急增，消费能力、大众交通能力都有明显的提高。正是在这一种背景下现代大规模的百货业才应运而生。它是一种商品经营种类繁多的商业场所，使顾客各得所需。

（2）邮购（Mail Order）　邮购是有别于其他商业空间形式的一种特殊的商业形式，1880 年开始于美国，起因是幅员辽阔、农村人口分散、购物不便，有善经营的商人以商品目录和价格标识的方式，使消费者有机会参考选购，风行一时，是一种零售业的新形态。

（3）连锁店（Chain Store）　起源于 20 世纪 20 年代美国。借助于日趋完备的通信与运输，小型商店利用本身的经营经验，在各地设立分店，并建立企业形象，推广业务。连锁店的大批量采购，相对统一的设计风格和服务标准，使顾客从连锁店企业获得一致的印象，同一商店的服务空间范围得到延伸。连锁店的经营方式甚至影响到餐馆、酒店的经营。商店的设计和 CI（企业识别形象）设计的结合也是连锁店经营的特征。

（4）超级市场（Super Market）　超级市场亦是美国的产物，起源于 20 年代末的经济大恐慌时期。超级市场（图 3-2-1）以不需要高成本的门面装饰、店内货物由顾客自取而降低经营的费用。它是一种开架售货，直接挑选，高效率售货的综合商品销售环境。最初的超市以销售食品为主，多设置在郊区。近年来，超市已由郊区进入市场，货物也由食品扩展到日用品、日用器皿、家用电器等，应有尽有，成为综合性商场。有些超市也成为大型商场的附属区。

（5）购物中心（Shopping Center）　20世纪60年代，是第二次世界大战世界经济起飞的时期，这也是一个欧美等国大量生产、大量消费的时期，购物中心（图3-2-2）的出现正是顺应了这一时代的需求。它满足消费者多元化的需要，它集百货、超市、餐厅和娱乐于一体，并在规划中设置了步行区、休息区、停车场，绿化广场等公共设施，方便购物。

图 3-2-1　某超级市场　　　　　　　　　　　　　图 3-2-2　某购物中心

这类商业空间可分为两大类：

1）单体型。在单个建筑内，在不同楼层区域中规划不同的商品种类，并有休息、娱乐设施。

2）复合型。由多个建筑组成，各自经营不同项目，有天桥、地道等设施联系各单体建筑、整个区域划停车、休息、步道、景观等空间。

（6）商业街（Shopping Arcade）　"Arcade"指带拱的廊，这里指在一个区域内（平面或立体）集合不同的类别，构成的综合性的商业空间。所有公共设施，如街道、店铺门面和招牌、休息设施等均按统一的标准设计，而且有统一管理的组织，如上海的港汇广场、中信泰富等。

（7）量贩店（General Merchandising Arcade）　量贩店简称"GMS"，亦称仓储式超市，采用顾客自助式选购的连锁店方式经营，20世纪60年代末出现在美国。量贩店的特点是货物种类多、批量批发销售、低价，其利用连锁经营的优势，大批采购商品，亦自行开发自己的品牌，以其低成本经营的优势对零售业及超市造成巨大的威胁，如上海德资的"麦德龙"等。

（8）便利店（Convenience Store）　这是一种在20世纪80年代后出现的新型零售业，在巨型化和连锁化经营的超市和"GMS"的缝隙中，以24小时营业的方式方便了社区生活，并为夜间工作者提供服务，这种以食品饮料为主的小型商店也兼售报刊、日用百货、文具、药品，并经营一些社区服务的项目（如代付水费、电费等），给消费者带来便利，如各地的"罗森""快客"等。

（9）专卖店（speciality store）

这是近几十年来出现的以销售某品牌商品，或某一类商品的专业性零售店，注重品种的多规格、多尺码（图3-2-3）。专卖店以其对某类商品完善的服务和销售，针对特定的顾客群体而获得相对稳定的顾客。大多数企业的商品专卖店还具备企业形象和产品品牌形象的传达功能。

图3-2-3　某品牌专卖店

3.2.2　商业购物空间的整体分区与动线设计

1. 商业购物空间的整体分区

商业空间面积可以按营业面积、仓库面积和附属面积三部分来划分。营业面积包括陈列、销售商品面积、顾客占用面积（顾客更衣室、服务设施、楼梯、电梯、卫生间、用餐厅、茶室等）。仓库面积包括店内仓库面积、店内散仓面积、店内销售场所面积。附属面积包括办公室、休息室、更衣室、存车处、饭厅、浴室、楼梯、电梯、安全设施占用的面积。各部分面积划分的比例应视商店的经营规模、顾客流量、经营商品品种和经营范围等因素的影响。一般说来，营业面积应占主要比例，大型商店的营业面积占总面积的60%～70%，实行开架销售的商店比例更高，仓库面积和附属面积各占15%～20%。合理分配商店的这三部分面积，对于保证商店经营的顺利进行至关重要。在安排营业面积时，既要保证商品陈列销售的需要，提高营业面积的利用率，又要为顾客浏览购物提供便利。可以按照不同商品种类将商场营业区分成不同的区域，避免零乱的感觉，增强空间的条理性。在一个零乱的空间中，顾客会因陈列过多或分区混乱而感到疲劳，从而降低购买的可能性。商品的分类与分区是空间设计的基础，合理化的布局与搭配可以更好地组织人流，活跃整个空间，增加各种商品售出的可能性。

商场营业区的布置与设计，应以便于消费者参观与选购商品，便于展示和出售商品为前提。商场营业区是由若干经营不同商品种类的柜组组成的，合理安排各类商品柜组在卖场内的位置，是设计营业区的一项重要工作。这里要注意几个问题：

（1）应研究对消费者意识的影响　消费者的意识是具有整体性特点的，它受刺激物的影响，而刺激物的影响又总带有一定的整体性。因此，构成了消费者意识具有整体性的特点，并影响着消费者的购买行为。为此，在营业区布局方面，要适应消费者意识的整体性这一特点，把具有连带性消费的商品种类邻近设置，相互衔接，给消费者提供选择与购买商品的便利条件，并且有利于售货人员介绍和推销商品。

（2）应研究消费者的无意注意　消费者的注意可分为有意注意与无意注意两类。消费者的无意注意，是指消费者没有明确目标或目的，因受到外在刺激物的影响而不由自主地对某些商品产生的注意。这种注意，不需要人付出意志的努力，对刺激消费者购买行为有很大意义。如果在营业区的布局方面考虑到这一特点，有意识地将有关的商品柜组如妇女用品柜与儿童用品柜、儿童玩具柜邻近设置，向消费者发出暗示，引起消费者的无意注意，刺激其产生购买冲动，诱导其购买，会获得较好的效果。

（3）应考虑商品的特点和购买规律　设计营业区时应考虑商品的特点和购买规律，如销售频率高、交易零星、选择性不强的商品，其柜组应设在消费者最容易感知的位置，以便于他们购买，节省购买时间。又如，花色品种复杂、需要仔细挑选的商品及贵重物品，要针对消费者求实的购买心理，设在营业区的深处或楼房建筑的上层，以利于消费者在较为安静，顾客流量相对较小的环境中认真、仔细地挑选。同时应该考虑，在一定时期内调动柜组的摆放位置或货架上商品的陈列位置，使消费者在重新寻找所需商品时，受到其他商品的吸引。

（4）应尽量延长消费者逗留卖场的时间　人们进入超级市场购物，总是比原先预计要买的东西多，这主要是由于营业区设计与商品刻意摆放的原因。营业区设计为长长的购物通道，以避免消费者从捷径通往收款处和出口，当消费者走走看看时，便可能看到一些引起购买欲望的商品，从而增加购买。又如，把体积较大的商品放在入口处附近，这样消费者会用商场备有的手推车购买大件商品，并推着手推车在行进中不断地选择并增加购买。超级市场购物通道的这一设计思路，可以为其他业态所借鉴，尽可能地延长消费者在营业区的"滞留"时间。

2. 购物动线的设计

购物行为是指顾客为满足自己生活需要而进行的购买活动的全过程。人的购买心理活动，可分为六个阶段：认识——知识——评定——诚信——行为——体验，和认识过程——情绪过程——意志过程三个过程，它们相互依存、互为关联。了解和认识消费者的购买心理全过程特征是商业环境设计的基础。

商业空间的动线组织是以顾客购买的行为规律和程序为基础展开的，即：吸引→进店→浏览→购物（或休闲、餐饮）→浏览→出店。通过这些要素构成的多样手法来诱导顾客的视线，使其自然注视商品及展示信息，激发他们的购物意愿。顾客购物的逻辑过程直接影响空间的整个动线构成关系，而动线的设计又直接反馈于顾客购物行为和消费关系。为了更好地规范顾客的购物行为和消费关系，从动线的进程、停留、曲直、转折、主次等设置视觉引导的功能与形象符号，以此限定空间的展示和营销关系，也是促成商场基本功能得以实现的基础。商场除了商品本身的诱导外，销售环境的视觉诱导也非常重要。从商业广告、橱窗展示、商品陈列到空间的整体构思、风格塑造等都要着眼于激发顾客购买的欲望，要让顾客在一个环境优雅的商场里，情绪舒畅、轻松和兴奋，并激起顾客的认同心理和消费冲动（表3-2-1）。

表3-2-1　商业心理学对顾客的分类

顾 客 种 类	心 理 分 析
有目的的购物者	他们进店之前已有购买目标，因此目光集中，脚步明确
有选择的购物者	他们对商品有一定注意范围，但也留意其他商品。他们脚步缓慢，但目光较集中
无目的的参观者	他们去商店无一定目标，脚步缓慢，目光不集中，行动无规律

（1）动线组织　商场内平面布局的面积分配，除楼梯、自动梯、收款台、展示台等所占的面积外，主要由三部分组成，即：柜架及其近营业员操作、接待活动所占面积（闭架经营时为柜、架所占面积及柜内营业员活动面积；开架经营时营业员操作活动面积与顾客选购活动面积有重叠）；顾客通行、停留及浏览、选购商品时的通行活动所占面积。顾客通行和购物动线的组织，对商场的整体布局、商品展示、视觉感受、通道安全等都极为重要，设计时应注意：

1）商店出入口的位置、数量和宽度，以及通道和楼梯的数量和宽度，首先均应满足防火安全疏散的要求（如根据建筑物的耐火等级，每 100 人疏散宽度按 0.65～1m 计算），出入口与垂直交通之间的相互位置和联系流线，对客流的动线组织起决定作用。

2）通道在满足防火安全疏散的前提，应根据客流量及柜面布置方式确定营业厅内通道最小净宽，较大型的营业厅应区分主、次通道（表3-2-2），通道与出入口、楼梯、电梯及自动梯连接处，应适当留有停留面积，以利顾客的停留、周转。

表 3-2-2　柜台间通道参考尺寸　　　　　　　　　　　　　　　（单位：m）

通　道　位　置	最　小　净　宽
仅一侧有柜台	通道2.2
两侧均有柜台	柜台长度均小于7.5，通道2.2
	柜台长度均为7.5～15，通道3.7
	柜台长度均大于15，通道4
	一侧柜台长度小于7.5，另一侧柜台长度7.5～15，通道3
通道一端设有楼梯	上下两楼梯段宽度之和再加1
柜台边与开敞楼梯最近踏步间距离	4，并不小于楼梯间净宽度

注：1. 通道内有陈设物时，通道最小净宽应加上该物宽度。

　　2. 无柜台售区、小型营业厅可根据实际情况按本表数字酌减20%以内。

　　3. 菜市场、摊贩市场营业厅宜按本表数字增加20%。

3）通畅地浏览及到达拟选购的商品柜，尽可能避免单向折返与死角，并能迅速安全地进出和疏散。

4）顾客动线通过的通道与人流交汇停留处，从通行过程和稍事停顿的活动特点考虑，应细致考虑商品展示、信息传递的最佳展示布置方案。

5）许多超市均设有顾客自助存物柜或物件寄存处，顾客先把自己带来的物品存放后再进入购物场所，购物毕，结账后走出购物场所，再取回存放的物品。但一般超市出入口距离很长，如果物品寄存处布置不当，存取物品来回走动，费时费力，也易造成混乱。超市的出入口和物品寄存处三者位置关系十分重要，在组织动线时应予注意。

除了以上要求外，还须满足以下几方面因素：

1）物理因素。要符合商业建筑本身结构，如满足商业项目楼层垂直系统设计、立柱间距、中庭、大堂设计、应急出口设计等基础规划设计。此类要求最好能够在前期设计阶段就明确下来，特别是大型商业项目，其主力店的建筑规划要求应当尽早明确，以免在后期建设过程中造成不必要的浪费。

2）建筑设计因素。人流动线设计以直线为主，根据经验，在人流视野范围内的商铺，具有高租金的价值。但在直线的人流动线中，可以规划几个类似于小中庭的前凸或后凹形式，以提升局部商铺的租金。为了有效拉动次级通道商铺的人流量，可将收银台、卫生间、楼层休息区等部分功能分布在次级通道上，以拉升次级通道的人流量，同时也可降低将其设立在主要通道旁占用黄金铺面的损失。如果商场面积过大，必须存在若干主次通道，那么除了保证若干通道间的畅通及联系外，还应该在商铺前后都设立出入口，既方便顾客快捷地往返前后通道，又能缓解人流的拥堵，提升人流平均到达率。人流通道尽量采用围绕中厅的双环回型结构，这种结构可以增加商场的通透感，最大化地增加顾客视线内的商铺数量，提高顾客的商铺到达率。在楼层之间设立的台阶式手扶电梯，上下部应分开设计或设计成剪刀式，以增加人流上下楼时光顾店铺的数量。

3）业态分布规律。合理分布主力店位置，如果将其设在入口附近，将损失后边的人流到达率，但如果将主力店放置在商场的中后端，在人流的影响下会极大地拉动前面商铺的价值。在多层建筑结构的商场，最理想的人流拉动策略是，将主力店设在高层。

按照消费者的购物目的进行业态分布。对于经营诱导性商品、季节性商品、时尚类商品的业态类型，适宜分布在较低的楼层，通过商品的展示达到吸引消费者购买的目的；而对于经营目的性较强的业态类型适宜分布在较高楼层，一般而言，办公用品、家用电器、娱乐等适宜分布在较高楼层上。

按照商品属性进行业态分布。一般而言，购买频率、占用空间较小的日常生活用品一般分布在较低楼层处；而不常购买、占用空间较大的耐用商品适宜分布在较高楼层，如家居用品等就是典型。

4）顾客生理、心理因素。每层楼的人流过道数量，一般一主两辅便可。简单易梳理的人流动线，可以使消费者更加轻松地行进，而不会产生晕头转向、不知身在何处的感觉，丧失了再次光顾的情绪。商铺采用玻璃墙体，以增加商场的通透感，使顾客不产生压抑感和不适，可以在一定程度上增加顾客光顾店铺的数量。在中庭小广场设立休息区域，对不同的顾客进行分流，同样，顾客短暂的休息可以提升光顾店铺的人流数量。另外，应该在人流通道头尾端等地方给予显著的区域和功能标志，方便顾客辨认，避免了消费者认为商场像迷宫一样难逛，而产生下次不会再来的想法。

总之，通过对商业建筑室内、室外人流系统的规划，能够较好地避免商铺人流死角，并且最大限度地吸引人流，使商铺价值达到最大化。

（2）视觉引导 从顾客进入商店开始，需要从顾客动线的进程、停留、转折等处，考虑视觉引导，并从视觉构图中心选择最佳视点，设置商品展示台、陈列柜或商品信息标牌等。购物的流线组织和视觉引导是通过以下这些要素构成的多样手法来诱导顾客的视线，使人们能够自然注视到商品及展示信息，收拢其视线，激发他们的购物意愿（图3-2-4～图3-2-6）。

图 3-2-4　通过商品展示台吸引顾客的设计

图 3-2-5 通过柜架展示诱导顾客的设计　　　图 3-2-6 通过顶棚线型、色彩引导顾客的视线

1）通过柜架、展示设施等的空间划分，作为视觉引导的手段，诱导和引导顾客动线方向并使顾客视线注视商品的重点展示台与陈列处。

2）通过营业厅地面、顶棚、墙面等各界面的材质、线形、色彩、图案的配置，引导顾客的视线。

3）采用系列照明灯具、光色的不同色温、光带标志等设施手段，进行视觉引导。

3.2.3 商业购物空间的设计要点

在商品经济呈现繁荣景象的今天，商场作为与市民日常生活息息相关的公共购物场所，商场设计不能简单的只包括商品的交易，而在逐渐发展调剂顾客心情，倡导消费理念，引导时尚品位，并反映着一个城市的消费水平的功能。商场设计可以说是一种经营策略的设计，也可以说是一种科学的设计，它涉及艺术的方方面面，是营销与传播的综合运用，最重要的是对消费心理的把握和迎合。

1. 店面、入口与橱窗设计

（1）店面设计　建筑物所在地区、地段的位置和文脉特点，商店左邻右舍的环境状况，以及商业建筑具体的行业与经营特色等因素，确定了商业建筑的外观设计。在建筑设计阶段，有的店面已经完成，有的是需要后续的室内设计和建筑装饰来完成，在设计时要了解建筑物的整体功能、结构构成和风格特色，理解原有建筑设计的意图，使建筑立面及外装饰与整体风格相协调，建筑设计有不足之处的，也可以调整和改善。店面设计是以造型、色彩、灯光、材料等手段，展示商店的经营性质和功能特点，应具有个性和新颖感，诱发人们的购物意愿（图 3-2-7、图 3-2-8）。

1）店面设计的要求和措施。

① 店面设计应从城市环境整体、商业街区景观的全局出发，以此作为设计构思的依据，并充分考虑地区特色、历史文脉、商业文化等方面的要求。

② 不同商店的行业特性和经营特色在店面设计中应有所体现。

③ 店面设计与装修应仔细了解建筑结构的基本构架，充分利用原有构架作为店面外装修的支撑和连接依托，一种做法是在原有结构梁、柱、承重外墙上刷涂料或贴装饰面材，基

图 3-2-7 茶叶专卖店店面设计

图 3-2-8 服装专卖店店面设计

本保持原有构架的构成造型。另一种做法是把原有构架仅作为外装饰和支撑依附点，店面装饰造型则可根据商店经营特征、所需氛围较为灵活地设计。

2）店面的造型设计。店面造型从商业建筑的性格来看，应具有识别与诱导的特征，既能与商业街或小区的环境整体相协调，又具有视觉外观上的个性，既能满足立面入口、橱窗、店招、照明等功能布局的合理要求，又在造型设计上具有商业文化和建筑文脉的内涵。它的设计直接反映了商店的主题与定位，带有一定的商业地标性色彩，外观设计的效果应能使人们感受到商店的环境品质，其选材与装饰结构都应围绕这一原则展开。店面的造型设计具体需要考虑：立面划分的比例尺度；墙面与门窗的虚实对比；形体构成的光影效果；色彩、材质的合理配置，如图 3-2-9 所示。

图 3-2-9 某店面的造型设计

（2）入口与橱窗设计 入口与橱窗是商业建筑立面设计与建筑装饰的重点，是商店外观招揽和吸引顾客的主要设计内容。

1）入口。商店立面入口设计应体现该商店的经营性质与规模，显示立面的个性和识别效果，入口设计着眼于达到吸引顾客进入店内的目的。入口选择的好坏是决定零售店客流量的关键。不管什么样的商店，出入口都要易于出入。商店的出入口设计应考虑商店规模、客流量大小、经营商品的特点、所处地理位置及安全管理等因素，既要便于顾客出入，又要便于商店管理。一般情况下，大型店铺的出入最好分开，以方便顾客出入，顺畅客流。中小型店铺的出入口，可根据建筑的规范在适当部门设置。小店的出入口，不是设在左侧就是右侧，这样比较合理。总的原则是便于顾客出入，顺畅客流。常见的入口设计类型：

① 封闭型。入口尽可能小些，面向大街的一面，要用陈列橱窗或有色玻璃遮蔽起来。经营宝石、金银器等商品为主的高级商店很适用。

② 半开型。入口稍微小一些，从大街上一眼就看清零售店内部。倾斜配置橱窗，使橱

窗对顾客具有吸引力，尽可能无阻碍地把顾客诱引到店内。经营化妆品、服装、装饰品等的中级商店比较适合。

③ 全开型。把商店的正面面向马路一边全开放，使顾客从街上很容易看到零售店内部和商品，顾客出入商店没有任何阻碍。出售食品、水果、蔬菜、鲜鱼等副食品的商店，因为是经营大众化的消费商品，所以很多都用这种类型。

④ 出入分开型。出口和入口通道分开设置，一边是进口，顾客进来之后，必须走完全商场才能到出口处结算，这种设置对顾客不是很方便，有些强行的意味，但对商家管理却是非常有利的，有效地阻止了商品偷窃事件的发生。这种出入设置往往适用于经营大众化商品的商店，如超级市场。

入口设计的常用手法见表3-2-3。

表3-2-3 入口设计的常用手法

手　法	具　体　做　法
突出入口的空间处理	将入口沿立面外墙水平方向后退，使入口处形成一个室内外空间过渡及引导人流的"灰空间"，或使与入口组合的相关轮廓造型沿垂直方向向上扩展，起到突出入口的作用
构图与造型立意创新	对入口周围立面的装饰构图和艺术造型，包括对门框、格栅的精心设计，创造具有个性和识别效果的商店入口
材质、色彩的精心配置	利用材质配置如玻璃与金属、玻璃与石材，以及色彩配置如黑与白、红与黄等，突出商店入口作为视觉中心的效果
入口与附属小品结合	入口造型可以与雨篷、门廊相结合，也可以与雕饰小品连成一体，使店面具有个性

2）橱窗。在现代商业活动中，橱窗既是一种重要的广告形式，也是装饰商店店面的重要手段。橱窗可以展示商品，体现经营特色，又能起到室内外环境沟通的"窗口"作用（图3-2-10）。橱窗设计常用的手法有：外凸或内凹的空间变化 、地下室或楼层连通展示 、封闭或开敞的内壁处理、橱窗与标志及店面小品的结合。

设计时应考虑以下因素：

① 背景因素。背景是橱窗广告制作的空间。形状上要求大而完整、单纯，避免小而复杂的烦琐装饰。颜色上尽量用明度高，纯度低的统一色调，即明快的调和色（如粉、绿、天蓝等）。如果广告宣传商品的色彩淡而一致，也可用深颜色作背景（如黑色）。总之，背景颜色的作用是突出

图3-2-10 某品牌专卖店橱窗展示设计

商品，而不要喧宾夺主。另外，装饰物、背景和橱窗底面的材料也应充分讲求与广告商品的肌理对比。例如，电冰箱橱窗陈列应以皮、毛类材料作背景，颗粒材料作底面更能突出电器产品的表面金属质地感。还有的橱窗陈列设计利用滚动、旋转、振动的道具，给静止的橱窗布置增加了动感，或者利用大型彩色胶片制成灯箱，制作一种新颖的画面等。

② 道具因素。道具包括布置商品的支架等附加物和商品本身。支架的摆放越隐蔽越好。

商品的摆放要讲究大小对比和色彩对比,其构图及背景色彩,都可以先在纸上画出平面或立体效果样,以突出广告商品为原则,同时注意形式上的美感。现代橱窗陈列的布置更加强调其立体空间感和空间布置的肌理对比。例如,由于商品的摆放多集中于橱窗的中下部分,上部空间往往利用不足,此时便可以利用悬挂装饰物的办法增加其空间感。

③ 灯光因素。光和色是密不可分的,按舞台灯光设计的方法,为橱窗配上适当的顶灯和角灯,不但能起到一定的照明作用,而且还能使橱窗原有的色彩产生戏剧性的变化,给人以新鲜感。对灯光的一般要求是光源隐蔽,色彩柔和,避免使用过于鲜艳、复杂的色光。尽可能在反映商品本来面目的基础上,给人以良好的印象。例如,食品橱窗广告,用橙黄色的暖色光,更能增强人们对所做广告的食品的食欲。而家用电器橱窗陈列,则用蓝、白等冷色光,能给人一种科学性和贵重的心理感觉。

总之,现代橱窗广告制作随着科学的发展,设置思想的更新,从形式、内容等方面不断充实,其醒目程度日益提高,但是,如果在设计制作上只注意形式上的变化,忽略了广告宣传的目的而造成喧宾夺主的后果,这样的橱窗设计仍然是失败的(表3-2-4)。

表3-2-4　不同的陈列商品橱窗底部的高度要求　　　　　　　　(单位:cm)

商 品 种 类	橱窗底部的陈列高度
大部分商品	离地面60
小型商品	离地面100
电冰箱、洗衣机、自行车等大件商品	离地面5

2. 货柜架与展台的设计

商场展柜是商场表现商品的主要载体,也是构成商场空间视觉的主要框架。商场展柜设计与制作的优劣,将直接影响商品的销售。要符合人体工程学的视觉效应,一般线条要简单,特别是装饰线条或面层要少而不宜复杂,过多的线条或装饰线条会影响商品的展示,形成主次不分,扰乱顾客挑选商品的视线。同时,过多的装饰性线条也会增加制作成本,提高造价。同一商店,货柜架与展台的造型应基本统一,尺寸一致、材料一致、形式特征一致(主要表现在顶、脚、角、面)、色彩一致,以取得统一感。商品陈列架与商品之间的色彩关系,则必须考虑到色彩互补的关系,展柜与商品色彩的搭配是要起到作为背景色的陪衬作用。如色彩鲜艳的商品,展柜的色彩要灰;浅色的商品,展柜颜色宜深;深色商品,展柜色彩宜淡。货柜架与展台的传统材料是木材、金属(钢、铝)、玻璃,除此之外,各种强化塑料、合成木材等有关新材料,也正在逐步推广应用。货柜架与展台上还需要保证充足的光线,这对促进商品的销售十分重要。灯光的设置应力求使光线接近自然光,这样才不影响商品的自然色彩,一般商店照明布局采用整体与局部并用的照明方法:在货柜架与展台的上面和里面,都加有局部的照明灯具,以保证商品的清晰。

(1)商店经营方式　商品的特殊性表现在能堆放、悬挂、竖放、横放、散装等,有些商品对温度、光线较敏感,要用玻璃冷藏架,有些珍贵商品对展柜的安全措施还有特殊的要求,一些可供顾客直接接触的商品,在设计上更要为顾客提供足够的方便。传统中药店的抽屉式展柜,文物店的博古式展柜,书店的平台式展柜,水果店的箱式展柜,服装店的吊杆式展柜,都是根据各自经营品种的特点来设计的。商场的售货柜台、展示货架的布置,是由商店销售商品的特点和经营方式所确定的,商店经营方式通常有:

1）闭架。适宜销售高档贵重商品或不宜由顾客直接选取的商品，如首饰、药品等。

2）开架。适宜销售挑选性强，除视觉审视外，也对质地有手感要求的商品，如服装、鞋帽等。由于商品与顾客的近距离直接接触，通常会有利于促销，因此，近年来，许多商店在经营中常采用开架方式，如自选商场商品全部为开架。

3）半开架。商品开架展示，进入该商品展示的区域是设置入口的。

4）洽谈。某些高层次的商店，由于商品性能特点或氛围的需要，顾客在购物时与营业员能较详细地进行商谈、咨询，采用可就坐洽谈的经营方式，体现高雅、和谐的氛围，如销售家具、电脑、高级工艺品、首饰等（表3-2-5）。

表3-2-5 普通营业厅内通道最小净宽度 （单位：m）

通 道 位 置	最小净宽度
1. 通道在柜台与墙面或陈列窗之间	2.2
2. 通道在两个平等柜台之间	
a. 每个柜台长度小于7.5	2.2
b. 一个柜台长度小于7.5，另一个柜台长度7.5～15	3
c. 每个柜台长度为7.5～15	3.7
d. 每个柜台长度大于15	4
e. 通道一端设有楼梯时	上下两个梯段宽度之和再加1
3. 柜台边与开敞楼梯最近踏步间距离	4，并不小于楼梯间净宽度

注：1. 通道内如有陈设物，通道最小净宽度应增加该物宽度。

2. 无柜台售区、小型营业厅可根据实际情况按本表数字酌减不大于20%。

3. 菜市场、摊贩市场营业厅宜按本表数字增加20%。

（2）货柜架与展台布置的形式 货柜架与展台的布置（图3-2-11），是商场室内空间组织的主要内容，布置完后所构成的通道，决定着顾客的流向，展柜之间的距离应保证客流的通畅。小型商店可以迎着店门贴墙布置，大型食品店、百货店、服装店等，就要根据商店的规模形成的人流量、经营品种的体积来测算出合理的距离，一般说主通道应在1.6～4.5m

图3-2-11 某卖场货柜架与展台布置

之间，次通道也不得小于 1.2 ~ 2m 之间。一个品牌区域内，展柜的高度要遵循里高外低的阶梯形原则（表3-2-6）。

表 3-2-6　常用柜台的三种形式

柜 台 种 类	尺寸/mm	使 用 材 料
金银首饰和手表销售柜台	长 1000 ~ 2000 高 760 ~ 900	胶合玻璃，且多用特别的点光源
化妆品销售柜台	长 1000 ~ 2000 高 500 ~ 600	一般设计成双层玻璃柜，多用各色胶板按企业的形象色来装饰表面，同时搭配不锈钢、彩色不锈钢及名贵木胶合板，在灯光的配合下显得华贵、浪漫
其他小商品经营柜台	尺寸基本与上两者相同	注意两个方面的问题：一是内在使用是否方便；二是柜台造型可以千变万化

柜架布置主要有以下几种形式：

1）顺墙式。柜台、货架及设备顺墙排列。以此方式布置的售货柜台较长，有利于减少售货员，节省人力。一般采取贴墙布置和离墙布置，后者可以利用空隙设置散包商品。

2）岛屿式。营业空间岛屿分布，中央设货架（正方形、长方形、圆形、三角形），柜台周边长，商品多，便于观赏和选购，顾客流动灵活，感觉美观。

3）斜角式。柜台、货架及设备与营业厅柱网成斜角布置，多采用45°斜向布置。能使室内视距拉长，造成更好的深远的视觉效果，既有变化又有明显的规律性。

4）自由式。柜台货架随人流走向和人流密度变化，灵活布置，使厅内气氛活泼轻松。将大厅巧妙地分隔成若干个既联系方便又相对独立的经营部，并用轻质隔断自由地分隔成不同功能、不同大小、不同形状的空间，使空间既有变化又不显杂乱。

5）隔绝式。用柜台将顾客与营业员隔开的方式。商品需通过营业员转交给顾客。此为传统式，便于营业员对商品的管理，但不利于顾客挑选商品。

6）开敞式。将商品展放在售货现场的柜架上，允许顾客直接挑选商品，营业员的工作场地与顾客活动场地完全交织在一起。能迎合顾客的自主选择心理，造就服务意识，是今后的首选。

不论采用哪种布置形式，都应为经营内容的变更保留一定的灵活余地，以便随需要调整展柜布置的形式。所以现代综合商场的各种展柜都采用组合的形式，只有一些专卖店才少量采用固定的形式。

3. 店内外照明设计

（1）店面照明　为使晚间人们能够易于识别，并通过照明进一步吸引和招揽顾客，诱发人们购物的意愿，店面照明除了有一定的照度以外，更需要考虑店面照明的光色、灯具造型等方面具有的装饰艺术效果，以烘托商业购物氛围（图3-2-12）。

图 3-2-12　某钟表行店面照明

商店室外照明方式基本上可以归纳为：

1）整体照明。在建筑周围地面或隐藏于建筑阳台、外廊等部位，以投光灯作泛光照明，为了显示商店建筑整体的体型和造型特点。

2）轮廓照明。用霓虹灯沿建筑轮廓照明。

3）橱窗、入口照明。一般以射灯、投光灯等对橱窗、入口照明。用霓虹灯或灯箱等对招牌广告照明。

（2）店内照明　采用自然光，既可以展示商品原貌，又能够节约能源。但自然光受建筑物采光和天气变化影响较大，远远不能满足卖场的需要，除规模较小的商店白天营业有可能采用自然采光外，大部分商店的营业厅由于进深大，墙面基本上为货架、橱窗所占，同时也为了烘托购物环境，充分显示商品的特色和吸引力，通常营业厅均需补充人工照明，而大型商店则主要依靠人工照明。光线强弱对购物环境影响极大，因此，要合理运用照明设备，使主光源和辅助光搭配使用，营造出明快、轻松的购物环境（图3-2-13）。

图 3-2-13　某专卖店内照明设计

商店内人工照明的种类有：

1）环境照明，也称基本照明，即给予营业厅室内环境以基本的照度，形成整体空间氛围，以满足通行、购物、销售等活动的基本需要。光设计的基本原则是灯光不宜平均使用，要突出重点，突出商品陈列部位，总的照明亮度要达到一定强度。通常把光源较为均匀地设置于顶棚或上部空间，或有节奏地布置于厅内通道及侧界面附近。

环境照明应与商场室内空间组织和界面线型等处理紧密结合，协调和谐，常采用荧光灯间接照明。荧光灯为节能型灯，近年投放市场的有色温在 3500～5500K 的中色温节能型荧光灯，光色较通常的荧光灯（色温 6500K）稍暖。

2）局部照明，也称重点照明、特殊照明。局部照明是在环境照明的基础上，或是为了突出商品特质，加强商品展示时的吸引力，提高商品挑选时的审视照度，或是在营业厅的某些部位，如自动梯上下登离梯处，需要增加局部场合的照度时采用。营业厅局部照明常采用投射灯或内藏式光源直接照明，也可采用便于滑动、改变光源位置和方向的导轨灯照明。例如，在珠宝、金银饰品部位采用定向集束灯光照射，显示商品的名贵和华丽。在时装展示位置，则采用底灯、背景灯、显示商品的质地和造型。

3）装饰照明。装饰照明通过光源的色泽、灯具的造型及与营业厅中室内装饰的有机结合，营造富有魅力的购物环境，诱发顾客的购物意愿，也能表现商场或商品展示的个性与特征。室内装饰照明可采用彩灯、霓虹灯、光导灯、发光壁面、电子显示屏或用旋转灯等，是商场广告的组成部分，用来引起消费者的注意。营业厅中装饰照明的设置，在照度（表3-2-7，参考建筑照明设计标准 GB 50034—2004）、光色等方面需注意不应影响顾客对商品色彩、

表 3-2-7　商业建筑照明标准值

房间或场所	参考平面及其高度	照度标准值（lx）	UGR	Ra
一般商店营业厅	0.75m 水平面	300	22	80
高档商店营业厅	0.75m 水平面	500	22	80
一般超市营业厅	0.75m 水平面	300	22	80
高档超市营业厅	0.75m 水平面	500	22	80
收款台	台面	500	—	80

光泽、质地的挑选，除了儿童用品、附设的娱乐游戏与餐饮等部分的照明处理可以具有自身的特点外，装饰照明的使用仍需注意与营业厅整体风格和氛围相协调（图3-2-14）。

图 3-2-14　某商业环境的装饰照明

除了上述几种照明外，如果是大型商场，还应设置遇停电等事故时可继续营业的事故照明，其照度不低于一般照明推荐照度的 10%；规模较大的商店还应设置供火警及紧急事故发生时安全疏散的应急照明，其照度不应低于 0.51x，应急照明不使用常规电网电源，可使用独立的充电蓄电设施。

4. 界面与色彩设计

（1）界面设计

1）店面设计。选用店面装饰材料时，应注意所选材质必须具有耐晒、防潮、防水、抗冻等耐候性能。也要考虑易于施工和安装，如有更新要求则还应易于拆卸。外露或易于受雨水侵入部位的连接宜用不锈钢的连接件，不能使用铁质连接件，以免店面出现锈渍，影响整洁美观。由于店面设计具有招揽和显示特色和个性的要求，因此，在装饰材料的选用上还需要从材料的色泽（色彩与光泽）、肌理（材质的纹理）和质感（粗糙与光滑、硬与软、轻与重）等方面来审视，并考虑它们的相互搭配。目前常用的店面装饰材料有各类陶瓷面砖，花岗石片页岩等天然石材，经过耐候防火处理的木材，铝合金或塑铝复合面材，玻璃、玻璃砖等玻璃制品，以及一些具有耐候、防火性能的新型高分子合成材料或复合材料等。镜面玻璃幕墙的装饰造型与金属面材等的恰当组合较能显示时代气息，但大面积玻璃幕墙，由于对连接、黏结工艺与安装技术有极高要求，一些构造方案在节能方面也还不够理想，大片镜面也可能对城市环境带来光污染，所以对大面积镜面玻璃幕墙的选用，应综合分析建筑使用特点、城市环境、施工工艺、使用管理条件及造价等情况后予以谨慎对待。

2）店内界面设计。商店内部装饰中，装饰材料质地不同会产生不同的效果。建筑市场中的装饰材料多种多样，有金属、陶瓷、砖石、塑料、木材、织物、皮革、玻璃、橡胶等，它们都具有不同的质地，不同的材料质地给人的感觉千差万别，可能是高贵的感觉，也可能是简陋的感觉。正确地选用装饰材料，能增加商场的艺术表现力。商店营业厅地面、墙面和顶棚的界面处理，从整体考虑仍需注意烘托氛围，突出商品，形成良好的购物环境（图3-2-15）。

图3-2-15 具有艺术表现力商场界面设计

地面材料要考虑防滑、耐磨、易清洁等要求，在入口、楼梯处、主通道地面可以单独划分出来，或者用纹样做装饰，起引导人流的作用，可选用地砖或花岗石等材料。大型商场中的单独的专卖店可用地砖、木地板或地毯等材料，其他商品展示地面常用预制水磨石、地砖大理石等材料，且不同材质的地面应平整，处于同一标高，使顾客走动时不致绊倒（表3-2-8）。

表3-2-8 地面常用材料

材 料 名 称	特 性
瓷砖	瓷砖是非常耐用的材料，色彩丰富。石材还可分为大理石、花岗岩、砂岩、石板等。大理石，磨光后会发出美丽的光泽，色彩花纹极为丰富，是高档的地面材料；花岗岩，石质坚硬，色泽统一，光洁度极好，是高档的豪华型地面材料。砂岩和石板风格粗犷，色调沉稳，也是很好的地面材料
木地板	以木质材料为主，能保温，弹性适当，纹质优美。木板有单层及复合层之分
塑料地板	它的厚度一般为 3~5mm，平面尺寸为 300mm×300mm。塑料地板色彩丰富、图案简单，有一定弹性，施工很容易，价格也很便宜，但强度和耐久性较差
地毯	商店采用的地毯大多为化纤地毯，它的装饰性强，保温和吸音性良好，可用于较高档的商店中

墙面是组成空间的重要因素之一，它作为空间的侧面，以垂直形式出现，对人的视觉影响很大。墙面一般用乳胶漆或壁纸即可，一些独立的柱子通常要进行一定的装饰处理，根据室内的整体风格，可用木装修或贴面砖及大理石等方式处理，有时柱头还需要进行一定的花饰处理（表3-2-9）。

表3-2-9 墙面常用材料

材 料 名 称	特 性
木材	木质建材可分合成板、纤维板、木板。合成板就是胶合板，它富于自然色彩，表面质感较好，是高级墙面装修材料
涂料	它种类繁多、色彩丰富。涂料干燥后形成薄膜，色彩和表面形式可自由选择
油漆	这是一种使用方便的墙面涂层，它有较好的防水性能
墙纸	墙纸是贴在墙壁上的装饰材料，它可分为编织墙布和塑料墙纸两种。墙纸是最常用的墙面材料，色彩、图案、质地极多，可随时改换

顶棚在设计整体构思中应以简洁为宜，顶棚的高度、吊顶的造型与通风、消防、照明、音响、监视等顶棚设施的布置密切相关。由于商场有较高的防火要求，为便于顶棚上部管线设施的检修与管理，商场顶棚也可采用立式、井格式金属格片的半开敞式构造。入口、中庭等处结合厅内设计风格，可进行一定的花饰造型处理，对应主通道的顶棚可在造型、照明等方面进行适当呼应处理，使顾客在厅内通行时更具方向感（表3-2-10）。

表3-2-10 顶棚常用材料

顶 棚 名 称	特 性
木天棚	一般为木板或胶合板，它可以是狭长条板或大块板、镶板，也可用木板组成蜂窝状顶棚。木天棚加工方便，材质轻盈，适合中小型商店的天棚装饰
石膏板天棚	石膏板表面有平板与凸凹板之分，它可组合成各种图案，与灯具配合有较强的艺术表现力
金属板吊顶天棚	这是一种华丽的装饰材料，造型多样，品种繁多，但价格较贵
矿棉板或玻璃纤维板天棚	这两种板材具有耐火、防腐蚀、质轻的特点，而且吸音效果较好，适合于噪声较大的大型商场

（2）色彩设计　在商业空间设计中，影响审美结果的主要因素包括物体的形态、质感、色彩、光影等，而色彩是其中最重要的因素之一。对商业空间内气氛的营造，常常采用色彩的魅力来增强艺术氛围，色彩几乎可被称作是空间设计的"灵魂"。随着现代色彩学的发展，人们对色彩的认知不断深入，对色彩功能的了解日益加深，使色彩设计在室内设计中处于举足轻重的地位（图3-2-16、图3-2-17）。

图3-2-16　具有节奏感，恬静放松的购物环境　　　图3-2-17　红色调营造出诱人的商业氛围

1）商业空间色彩设计的原则。

色彩设计在室内起着改变或者创造某种格调的作用，会给人带来某种视觉上的差异和艺术上的享受。人进入某个空间最初几秒内得到的印象75%是对色彩的感觉，然后才会去理解形成。所以，色彩对人们产生的第一印象是室内装饰设计不能忽视的重要因素。在室内环境中的色彩设计要遵循一些基本原则，这些原则可以更好地使色彩服务于整体的空间设计，从而达到最好的境界。

① 整体统一的规律。在室内环境中，各种彩相互作用于空间中，和谐与对比是最根本的关系。色彩的协调以色彩三要素——色相、明度和纯度之间的靠近，从而体现一种统一感，但要避免过于平淡、沉闷与单调。因此，色彩和谐应表现为对比中的和谐、对比中的衬托（其中包括冷暖对比、明暗对比、纯度对比）。在室内装饰过多的对比，则给人眼花和不安感，甚至带来过分刺激感。色彩对于商场环境布局和形象塑造影响很大，为使商场色调达到优美、和谐的视觉效果。必须对商场各个部位如地面、顶棚、墙壁、柱面、货架、楼梯、窗户、门等，以及导购员的服装设计出相应的色调。

② 人对色彩的感情规律。色彩对消费者心理产生影响。不同的色彩及色调组合会使人们产生不同的心理感受。如以红色为基调会给人一种热烈、温暖的心理感受，使人产生强烈的心理刺激。红色一般用于传统节日、庆典布置，创造一种吉祥、欢乐的气氛。但是红色面积过大，也会使人产生紧张的心理感受，一般避免大面积、单一使用。以绿色为基调，会给人一种充满活力的感觉。在购物环境设计时，采用绿色，象征着自然，使人充满希望。食品、饮料中很多是黄色的，如面包、糕点、橙汁等，故黄色常作为食品卖场的主色调。但如果黄色面积比例过大，会给人一种病态的，食品变脏的心理感受，使用时应注意以明黄、浅黄为主，同时避免大面积、单一使用。商场的色彩设计也可以刺激消费者的购买欲望。在炎热的夏季，商场环境以蓝、棕、紫等冷色调为主，消费者心理上有凉爽、舒适的感觉。采用这个时期的流行色彩布置销售女士用品的卖场，能够刺激女性的购买欲望。

③ 运用的色彩要与商品本身色彩相配合。市场销售的商品包装也要注意色彩的运用，这就要求商场内货架、柜台、陈列用具为商品销售提供色彩上的配合与支持，起到衬托商品、吸引消费者的作用。例如，化妆品、时装、玩具等应用淡雅、浅色调的陈列用具，以免喧宾夺主，掩盖商品自身的魅力。销售电器、珠宝首饰、工艺品等可配用色彩浓艳，对比强烈的色调来显示其艺术效果。运用色彩要与楼层、部位结合，创造出不同的氛围。如商场一层营业厅，入口处人流量多，应以暖色装饰，形成热烈的迎宾气氛。也可以用冷色调装饰，缓解消费者紧张、忙乱的心理。地下卖场沉闷、阴暗易使人产生压抑的心理感觉，用浅色调装饰地面、顶棚，可以给人带来赏心悦目的清新感受。

④ 符合空间构图需要。室内色彩配置必须符合设计在构图上的需要，充分发挥室内的美化作用，正确处理协调和对比、统一与变化、主题与背景的关系。在进行室内色彩设计时，首先要选好空间色彩的主色调。色彩的主色调在室内气氛中起主导、陪衬、烘托的作用。形成室内色彩主色调的因素很多，主要在室内色彩的明度、色相和纯度的基础上求变化，这样容易取得良好的效果。为了取得统一又有变化的效果，大面积的色块不宜采用过分鲜艳的色彩，小面积的色块可适当提高色彩的明度和纯度。此外，室内色彩设计要有稳定感、韵律感和节奏感。为了到达空间色彩的稳定感，常采用上重下轻的色彩关系。

2）商业空间色彩的处理。

消费者进入商场的第一感觉就是色彩。精神上感到舒畅还是沉闷都与色彩有关。在商场内部恰当地运用和组合色彩，调整好店内环境的色彩关系，对形成特定的氛围空间能起到积极的作用。在对店内进行空间色调处理时应把握好色泽的类别、深度和亮度。

① 色泽的类别。总体上暖色调给人一种舒适、随意的感觉，而冷色调给人一种比较严肃、正式的感觉，使人不太容易接近，然而只要应用得当，冷、暖色调均可创造出诱人的

商业氛围。红色是一种比较刺激的色彩，在使用过程中必须小心谨慎，它一般只用作强调色而不是基本的背景颜色。作为一种用于着重特定部位的颜色，其效果往往不错。在元旦或春节及其他重要节日，红色是一种非常合适的展示色。黄色同红色一样，也非常惹眼并且易造成视觉上的逼近感。对一些背景光彩较为暗淡的墙壁、标记等区域可以运用黄色。另外，黄色被认为是一种属于儿童的颜色，所以在装饰婴儿或儿童用具部门时常用黄色。橙色是一种比较特殊的颜色，主要是因为这种颜色的亮度同其他颜色不协调，它常常同于秋季，代表丰收的时节。蓝色使人联想到蔚蓝的天空和湛蓝的大海。通过蓝色的添加能够创造一种恬静、极为放松的购物环境。蓝色常常被用为一种基本的色调，尤其是在男人用品部，代表一种深沉的力量。绿色则表示清新的春天及平和、安详的大自然。许多人认为它是一种最为大众广泛接受的颜色。另外绿色的空间感较强，能让较小的地区显得更为宽阔。紫色在商店内景中用得较少，除了为了达到一些特殊效果。如果商店内部运用过多的紫色会挫伤顾客的情绪。

色彩的不同组合，可以表现出不同的情感和气氛。为了表明"和谐美丽"，可以用对比色组合，如红与白、黑与白、蓝与白等。而要表现"优雅与稳重"，则可用同色不同深浅的颜色组合，如紫蓝色与浅蓝色、深灰色与浅褐色、绿色与浅白绿色，黄杨色与浅驼色等。另外，色彩的对比与组合不同，商品及广告文字的醒目程度也不同。

② 色泽的深度。一般来讲，比较淡的颜色能产生一种放大的效果，而比较浓的颜色产生的效果则相反。例如，应用较浓的暖色调（如棕色）作为窄墙的基本色，而用较淡的冷色调作为宽墙的基本色，都能创造较好的视觉效果。比较淡的中等色调（如灰色）常常用作固定设施的颜色，这种色调让人感觉到温暖、柔软，并且保证其同商品能较为紧密地结合在一起。而较浓的颜色能够有效地吸引顾客的注意力。

③ 色泽的亮度。不同的亮度在一定程度上也会让顾客对一些实物的大小形成错觉。明亮的颜色使人感觉到实物的硬度，而暗色则让人感觉较为柔软。作为一个普遍规则，儿童一般喜欢明亮的颜色，因而在儿童用品部经常用这种颜色，而在成人商品部一般用柔色调。

【设计案例】　品牌服装专卖店室内设计

该案例为某品牌服装专卖店设计，品牌可以自拟或者以现有市场的品牌命名，功能上要求设计入口、营业厅（商品展示、商品陈列）、橱窗、收款台、更衣室、休息区等。要求布局合理，展柜造型美观，灯光设计满足照明要求。

平面布置在入口处做了隔断，起到一个缓冲的作用，旁边设置了休息区和报刊栏，陪同购买顾客的朋友可以在此等待。靠近窗边布置了橱窗，以便更好地展示新款服饰吸引顾客购物。入门一旁的墙面做了皮包展示区，正对门的墙面为专卖店的形象墙和收银台。其余墙面布置了服装展柜，中间剩余空间设置了特价区和服装展示架（图 3-2-18 ~ 图 3-2-20）。

整个设计效果现代时尚，吊顶采用了不规则形状的分割拼接，显得大气时尚。橱窗为半开敞式，采用了雕花隔断，既通透又具现代感。形象墙采用了灰色水泥纤维板，搭配白色的收银台和黑色的店名标志，显得大方时尚。墙面造型和皮包展架都采用了原色木材料，裤子架和特价框使用的是不锈钢金属材质，给顾客亲切、自然的感觉（图 3-2-21 ~ 图 3-2-24）。

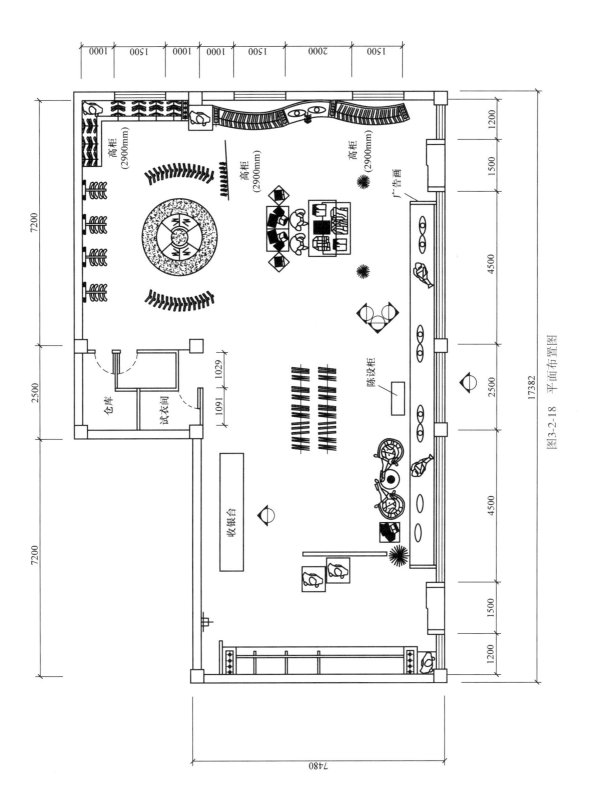

图3-2-18 平面布置图

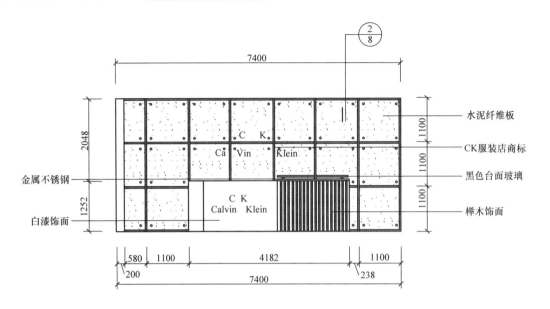

图 3-2-19 形象墙立面图

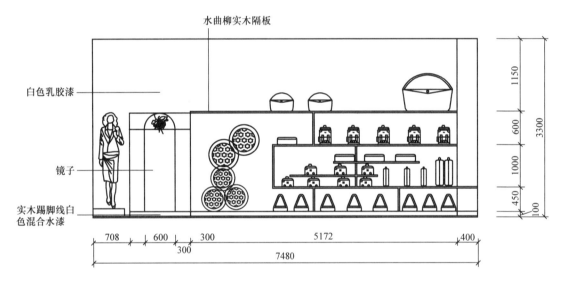

图 3-2-20 皮包展柜立面图

图 3-2-21 品牌服装专卖店效果（一）

图 3-2-22 品牌服装专卖店效果（二）

图 3-2-23 品牌服装专卖店效果（三）　　　　图 3-2-24 品牌服装专卖店效果（四）

【项目实训】 服装专卖店室内设计

1. 实训条件

1）建筑平面：见图 3-2-25。

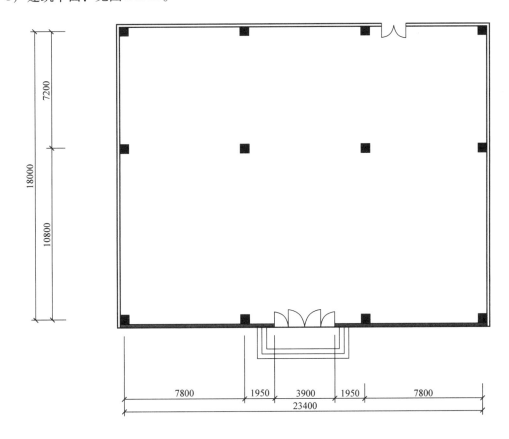

图 3-2-25 专卖店平面图

2）结构形式：框架体系。

3）层高：4.8m。

4）建筑耐久年限等级：二级。

5）框架抗震等级：三级。

6）建筑耐火等级：二级。

7）设计内容：入口、营业厅（商品展示、商品陈列）、导购台、收款台、更衣室、休息区等。

2. 实训要求

1）专卖店装饰设计应有利于商品的展示和陈列，创造一个舒适、愉悦的购物环境。

2）根据商店的性质、商品的特点和档次、顾客群和当地的环境特点等因素，来确定室内设计的风格和格调。

3）装饰设计总体上应突出商品，激发顾客的购物欲望，让商品成为"主角"，室内设计和建筑装饰的手法应衬托商品，成为商品的"背景"。

4）作为专卖店，装饰设计还应突出商品的特色，提升专卖店的品牌形象，展现企业的文化内涵，提高设计的品位和档次。

3. 图纸内容及要求

（1）平面布置图（1∶100 或 1∶50）

1）功能分区：利用功能家具对空间进行功能分区，分区应满足不同的要求。

2）流线组织：使各功能空间交通路线便捷，互不交叉。

3）表明不同功能区域的地面材料纹样、色彩、质地、尺寸及铺设方式，同时考虑主要家具、陈设、绿化小品等的尺度、造型和位置。

4）尺寸标注。

（2）顶棚平面镜像图（1∶100 或 1∶50）

1）顶棚构造：表明顶棚造型。

2）照明设计：根据室内不同区域的不同照度、色温要求布置灯具。注明灯具类型、尺寸、设置位置等。

3）标明房间的标高。

4）尺寸标注。

（3）立面展开图（1∶100 或 1∶50）

1）表明主要墙面门窗洞口，墙体造型的标高、尺寸、位置。

2）表明主要家具、陈设等的位置、尺寸及细部做法。

3）表明墙体造型的装修做法，如材料、色彩、质感、构造做法等，必要时绘出构造详图。

4）尺寸标注。

（4）详图 要求用大样图、剖面详图对地面、吊顶、墙面、小品、办公家具等的重要造型变化、构造做法作详细说明，详图不得少于三个，并注明详图索引。

（5）效果图

1）表现手法自选（计算机、手绘等表现形式不限）。

2）透视正确，室内环境气氛、空间尺度、比例关系等表达准确、恰当。

3）室内材料色彩、质感、家具风格及绿化、小品等表现准确、生动。

（6）设计说明 简要说明设计立意、环境艺术气氛创造手法并附装修材料明细表。

4. 工作任务评价

成绩按优秀、良好、中等、及格和不及格五级评定。考核标准见表3-2-11。

表 3-2-11 课程设计教学环节考核标准

实践环节名称	考核单元名称	考核内容	考核方法	考 核 标 准	最低技能要求
商业环境设计	设计创意	方案构思	检查批改	优秀：能够很好地利用所学的知识，在满足各种功能和技术要求的前提下，具有高度的独创性，主题表达清晰，个性鲜明 良好：较好地达到上述要求 中等：能够达到上述要求 及格：能够独立完成 不及格：未达到上述要求	及格
	成果质量	成果质量	检查批改	优秀：设计方案合理，图纸完整无误，图面整洁，独立完成，较好符合制图标准要求 良好：较好地达到上述要求 中等：能够完成绘图要求及内容 及格：基本完成绘图要求及内容 不及格：未达到上述要求	及格
	学习态度	分次上缴成果的质量，出勤情况	检查批改考勤	优秀：思想上重视，分次上缴的成果完整，能够反映出整个方案的构思过程，无缺勤现象 良好：较好地达到上述要求 中等：达到上述要求 及格：基本达到上述要求 不及格：达不到上述要求或缺勤三分之一者	及格

餐饮空间指能为人们提供各种食品、饮品和相关服务的空间。随着旅游业、餐饮业的蓬勃发展和人们生活、工作方式的改变，餐饮空间不仅是人们享受美味佳肴的场所，还是人们进行人际交往、商贸洽谈等社会活动的场所。

在餐饮空间布置中，由于东西方传统文化、地域特征、环境气候、风俗习惯等因素的影响及烹饪方法不同，设计时要考虑东西方饮食习惯上形成的不同程度差异，要区别对待。

因此，餐饮空间装饰设计应根据餐饮店的经营内容与特色、顾客群的需求等，努力创造体现不同餐饮文化特色、具有文化意蕴、高雅愉悦的餐饮环境氛围。

3.3.1 餐饮空间的分类

餐饮空间按照不同的分类标准可以分成若干类型。首先，"餐"代表餐厅与餐馆，而"饮"则包含茶室、茶楼，以及酒吧与咖啡厅等。其次，餐饮空间的分类标准包括经营内容、经营性质、规模大小及其布置类型等。

1. 根据餐饮空间的经营内容分类

餐饮空间涉及的经营内容非常广泛，不同的民族、文化和地域，由于饮食习惯的不同，其餐饮空间的经营内容也有很大差异。目前，一般分为以下几种类型：中餐厅、西餐厅、快餐厅、自助餐厅、酒吧、茶室、咖啡厅等。

2. 根据餐饮空间的经营性质分类

餐饮空间的经营性质是指该空间为营业性还是非营业性的。营业性的餐饮空间一般要求较高标准的装修及专门的设计，如各式餐馆和酒廊、茶室等；而非营业性的则只需进行简单装修，以实用为原则，如机关单位食堂、学校等。

3. 根据餐饮空间的规模大小分类

餐饮空间从几十平方米的小型餐馆，到几百甚至上千平方米的大餐厅和宴会厅，其规模变化很大。无论小型还是大型餐厅，均有其特定的顾客群。空间的规模大小影响着室内设计的具体手法和处理方式。

（1）小型　小型的餐饮空间一般指 $100m^2$ 以内的餐饮空间，这类空间功能比较简单，主要着重于室内气氛的营造。

（2）中型　中型的餐饮空间指 $100 \sim 500m^2$ 的餐饮空间，这类空间功能比较复杂，除了加强环境气氛的营造之外，还要进行功能分区、流线组织及一定程度的围合处理。

（3）大型　大型的餐饮空间指 $500m^2$ 以上的餐饮空间，这类空间功能复杂，应特别注重功能分区和流线组织。由于经营管理的需要，这类空间室内一般需设可灵活分隔的隔扇、屏风、折叠门等，以提高其使用率。

4. 根据餐饮空间的布置类型分类

（1）独立式的单层空间　一般小型餐馆、茶室等常采用这种类型。

（2）独立式的多层空间　一般中型餐馆多采用这种类型，如大型的食府或美食城等。

（3）附建于多层或高层建筑的餐饮空间　大多数的办公餐厅或食堂常属于这种类型。

（4）附属于高层建筑的裙房部分的餐饮空间　宾馆、综合楼的餐饮部或餐厅、宴会厅等大中型餐饮空间属于此类。

3.3.2　餐饮环境与客户群的分析

不同人群对餐饮环境有不同要求，在设计时，既要统一考虑，同时也要有所重点，使自身特色突出，如中餐厅、西餐厅、快餐店、咖啡厅等。具体客户群分析如下：

1. 中餐厅环境客户群分析

中餐厅设计应体现经营内容和特色。表现地域特征或民俗特点，富有一定的文化内涵，形成各具特色的装饰风格，或富丽堂皇，或清新自然，或粗犷原始等，满足人们对特定文化特色的需求。

中餐厅的平面布局大致可以分为对称式布局和自由式布局两种类型。对称式布局一般是在较开敞的大空间内整齐有序地布置餐桌椅，形成较明确的中轴线；尽端常设礼仪台或主宾席位。这种布局空间开敞、场面宏大，易形成隆重热烈的气氛，满足大宾馆内的餐厅或规模较大的餐馆接待团体宴席就餐的需求（图 3-3-1）。

自由式布局则是根据使用要求灵活划分出若干就餐区，以满足特定顾客群的不同需要，一般用于接待散客。可利用园林处理手法进行空间分隔和装饰或包间设计，保证人们就餐的隐私性（图 3-3-2）。

图 3-3-1　对称式布局的中餐厅　　　　　　　　图 3-3-2　半隐蔽空间分隔

另外，我国不同的地区与民族对色彩运用也不相同。在设计时，要考虑不同地域人们的喜好不同，区别对待，如北方地区色彩浓重，南方则清新淡雅，少数民族地区色彩特色更为鲜明。如图 3-3-3 所体现的"盛世文化"，以时尚演绎古典，利用现代方式表达传统文化。而图 3-3-4 则利用壁画体现地方特色。

2. 西餐厅环境客户群分析

西餐厅是以领略西方饮食文化，品尝西式菜肴为目的的餐饮空间。我国的西餐厅主要以法式餐厅和美式餐厅为主。法式餐厅是最具代表性的欧式餐厅，装饰华丽，注重营造宁静、高贵、典雅的用餐环境，突出贵族情调，用餐速度缓慢（图 3-3-5、图 3-3-6）。美式餐厅则融合了各种西餐形式，服务快捷，装饰十分随意，更具现代特色。

图 3-3-3　现代方式表达传统文化

图 3-3-4　体现地方特色餐厅设计

图 3-3-5　某西餐厅环境（一）

图 3-3-6　某西餐厅环境（二）

　　设计西餐厅时需满足顾客群用餐的私密性要求，布局应注意餐桌间的距离，并可以使用多种空间分隔限定处理手法来加强用餐单元的私密感。如利用地面和顶棚的高差变化限定空间，利用沙发座的靠背等家具分隔空间（图 3-3-7），利用各种形式的半隔断及绿化等分隔空间，利用灯光的明暗变化营造私密感等。为了营造某种特殊的氛围，也可像图 3-3-7 中的例子，在餐桌上点缀烛光创造出强烈的向心感，从而产生私密性。

　　3. 快餐店环境客户群分析

　　在快餐店进餐的人群一般讲究快捷、方便，顾客习惯自助服务。根据这些心理，在设计时尽可能避免人流交叉、碰撞。尽可能使用简洁的矮隔断划分空间，色调明快、亮丽，增进食欲，如橙黄色，能加快餐桌的翻台率。照明应以整体照明为主，简洁明亮，如肯德基、麦当劳等。如图 3-3-8 ~ 图 3-3-10 所示为某中式快餐店。

图 3-3-7　利用家具分隔空间

图 3-3-8　色调明快的某中式快餐店（一）

图 3-3-9　色调明快的某中式快餐店（二）

图 3-3-10　色调明快的某中式快餐店（三）

4. 咖啡厅、茶室环境客户群分析

咖啡、茶在东西方已成为大众化的日常饮品，越来越多的人喜欢把咖啡厅或茶室作为紧张工作之余放松的场所，这些地方是朋友约会休闲、谈话的好去处。人们会在咖啡厅、茶室逗留较长时间，因此，设计时应注重洁净的环境、轻松的氛围、静谧的怀旧空间的营造。

在设计咖啡厅时，考虑到顾客需求，在空间布局上多采用灵活多样的轻隔断或家具的围合，划分出若干小空间，以创造亲切宜人的空间效果。家具布置也灵活多样，座位多采用2～4人坐席，中心区可设一两处人数多的坐席。考虑到客户停留时间一般较长，餐椅设计多采用舒适的沙发椅。室内装修简单洁净，可以采用玻璃立面，以获得开阔的视野。色彩要淡雅，灯光要柔和，结合独具特色的陈设、绿化、雕塑、小品等创造丰富的视觉效果和轻松的环境氛围，并形成鲜明的主题特色，如图 3-3-11、图 3-3-12 所示。

在设计茶室时，考虑到顾客需求，在空间布局上多运用中国园林的设计手法，大量地采用了漏窗、隔扇、罩、植物、水景、山石、小品等灵活地分隔空间，以丰富空间层次和视觉艺术效果。同时，根据饮茶客户心理，茶室的色彩一般以传统民居的灰色作为主色调，红色、黄色作为副色调。具有个性的黄色则是继承了佛教的传统色彩，使空间达到一种"禅"的意境。同时为了营造幽静的空间环境，照明一般不宜太强，以局部照明为主，并使用大量的装饰照明，使室内景观在光影作用下更具视觉魅力，如图 3-3-13～图 3-3-16 所示。

图 3-3-11 洁净轻松的某咖啡馆环境（一）　　　图 3-3-12 洁净轻松的某咖啡馆环境（二）

图 3-3-13 某茶馆室内——品味茶文化和东方建筑的精神

图 3-3-14　某茶馆室内——沉淀心灵的乐土

图 3-3-15　茶馆幽静的空间环境　　　　图 3-3-16　简约的线条营造的茶馆宁静轻松的氛围

3.3.3　餐饮空间环境气氛的营造

一个好的餐饮空间能够吸引人们进入就餐，因此，除了食品本身的口感外，餐饮空间的环境氛围也尤其重要。餐饮空间环境质量的优劣是由许许多多的因素决定的，除了空间大小、家具及装饰材料等硬件以外，色彩、光环境、陈设绿化和室内景观这些要素都影响着餐饮空间环境气氛的营造，通过这几方面的设计可以达到活跃气氛，增加情调的目的。

1. 色彩

餐饮空间的室内色彩多采用暖色调，以达到增进食欲的效果，虽同为暖色调，但中间的差异还是很大的。

中餐厅若是皇家宫廷式的，则色彩热烈浓郁，以红色和黄色为主，如图 3-3-17 所示；若是园林式的则以白墙为主，略带暖色，以熟褐色的木构架穿插其中，也可以木质本色装饰，如图 3-3-18 所示。

图 3-3-17 某中式餐厅——热烈浓郁的色彩装饰风格

图 3-3-18 白墙、木构架穿插的中餐厅设计

西式餐厅则更多地采用较为淡雅的暖色系，如淡黄、粉红、粉紫或褐色等，有些高档餐厅还加以描金，如图 3-3-19 所示。

一些小餐厅中也有采用冷色调的，如海鲜馆为了体现海底世界的特征，多采用蓝色，再辅以海洋生物形状的装饰挂件，更好地体现了设计主题。

2. 光环境

餐饮空间的光环境大多采用白炽光源，也有采用荧光灯光源与白炽光源相间的处理手法，但极少采用彩色光源，这是由于白色光源具有较强的显色性，不致改变食物的颜色。餐饮空间的照明可以分为以下三大类：

图 3-3-19 色彩柔和的西餐厅

（1）照明光 照明光为整个空间提供足够的照度，强调使用功能。这类光可以由吊灯、吸顶灯、筒灯及光带来提供。

（2）反射光 使用反射光的目的是烘托气氛，营造温馨、浪漫的情调，使整个空间环境富有层次变化。这类光由各类反射光槽来提供。

（3）投射光 使用投射光的目的是营造出别具特色的室内气氛，具有限定范围的作用，常用来突出墙面重点装饰部位及装饰画等。同时，投射光也常用来照亮绿化，勾勒其优美的姿态，在气氛营造上还可创造出奇制胜的效果，如投射光的投射方向如水平方向与自下往上等常会给人意想不到的效果；在地下或在水中的特殊位置也会产生不同的效果。这类光由各种投射灯具来提供。如图 3-3-20 所示，可利用反射光、投射光共同创造丰富的空间变化。

中餐厅的光环境设计应与其整体风格相一致。如场面宏大、热烈隆重的中餐厅应注重整体照明，创造灯火辉煌的效果，强化热烈的室内氛围，灯具也应以华丽的宫灯、水晶灯为主；在自由布局的餐厅内，应注重局部照明，强化空间的领域感，灯具应根据总体风格灵活选择。

图 3-3-20 利用反射光、投射光营造出的空间层次

西餐厅的环境照明要求光线柔和，应避免过强的直射光，就餐单元的局部照明略强于环境照明。西式餐厅大量采用反光灯槽、发光带，甚至发光顶。灯具可选择古典造型的水晶灯、铸铁灯、枝型吊灯、反射壁灯、庭园灯，以及现代风格的金属磨砂灯具等。为了营造某种特殊的氛围，餐桌上点缀的烛光可以创造出强烈的向心感，从而产生私密性，如图 3-3-21 所示。

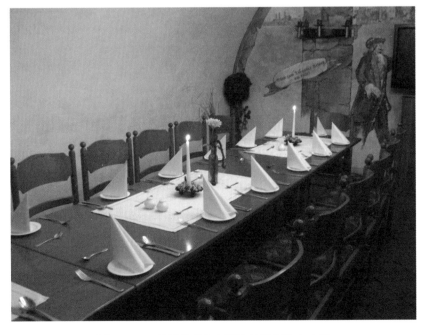

图 3-3-21 利用餐桌上点缀的烛光创造向心感

3. 陈设

室内陈设也是餐饮空间气氛营造的重要手段,其包含的内容非常广,从字画、雕塑和工艺品等艺术品,到人们的日常生活用具与用品,都可以成为室内装饰品,设计师应根据需要及不同类型的餐厅去选用相应的室内陈设。例如,中式餐厅的陈设品可选带有中国特色的艺术品和工艺品(书画作品、陶瓷、漆器、玉雕、木雕、剪纸、泥猴等),不仅能丰富空间,而且更易于烘托环境气氛,如图 3-3-22、图 3-3-23 所示。西餐厅多采用雕塑、西洋绘画、欧美传统工艺品如瓷器、银器、灯具、烛台、牛羊头骨等,反映西方人的生活与文化。西餐厅墙面陈设化的器具如水车、啤酒桶、舵及绳索等,以及传统兵器(剑、斧、刀、枪等)在一定程度上反映了西方的历史文脉,成为个性空间中彰显个性特色的陈设品。造型优美的钢琴也是西餐厅中必不可少的元素。钢琴不仅可以丰富空间的视觉效果,而且优雅的琴声可以构成西餐厅的背景音乐,如图 3-3-24 所示。总体来说,室内陈设可以为就餐者提供文化享受,增加就餐情趣。

图 3-3-22 利用艺术品陈设营造餐饮空间气氛

图 3-3-23 中国特色的工艺品烘托环境气氛

图 3-3-24 利用钢琴丰富空间视觉效果

4. 绿化

绿化是室内设计中经常采用的装饰手段，几乎所有的餐饮空间都有绿化的装扮，它以其多姿的形态，众多的品种和清新的绿色得到了人们的青睐。绿化在餐饮空间中的运用非常广泛，多采用盆栽，限定空间的绿化带，还有用于"串联"上下空间的高大乔木等，无论是色彩还是形态，都大大丰富了餐饮空间的视觉效果。如图3-3-25、图3-3-26所示，利用绿色植物美化空间。

5. 室内景观

所谓的室内景观是指在餐饮空间中，一些不影响使用功能的所谓"死角"室内景观设计，如图3-3-27所示，可以让它表达某个主题，或是增加室外气氛，这些景观常让就餐者感到某些寓意或情调。

图 3-3-25　某南美风情餐馆——通过
植物美化空间

图 3-3-26　某中式茶馆——利用盆景增强文化感染力

图 3-3-27　某餐馆局部景观设计

3.3.4　餐饮空间设计程序与方法

1. 明确客户需求

要做出满足客户需要的方案，首先需要与客户沟通，了解客户需求，收集第一手资料，这些是设计师开始设计的依据。具体来说包含两方面的内容：一是与客户交流，掌握客户年龄、职业、性格、个人喜好、装修风格定位等；二是了解该餐饮空间环境的情况并现场测量，收集用于该设计的客观资料，包括该餐饮空间的楼层、采光、方位、管道等情况，为设计构思提供客观依据。

2. 制作餐饮空间设计方案

（1）餐饮空间平面功能草图及空间形象构思草图　当拿到餐饮空间的设计任务时，首先要解决的是功能设计问题，如餐饮空间的各个功能分区、交通流向、家具与装饰陈设的摆放位置、设备的安装等问题。

平面功能草图能体现该餐饮空间设计意图，采用的图解思考语言是本体、关系、修饰，采用的主要语法是建立在抽象图形符号之上的图形分析法。

空间形象构思草图主要采用徒手画的餐饮空间主要点的透视速写，表现该餐饮空间的形体结构，配合立体图，以帮助设计者尽快确定完整的空间形象概念。

（2）制作餐饮空间方案图　餐饮空间方案图是前面概念设计的深化，也是设计表现最关键的环节。方案图将更准确地表达设计者的设计理念，因此，设计图要非常准确而且符合建筑制图规范，透视图要忠实体现该餐饮空间的真实情景。

一套完整的方案图应包括平面图、立面图、透视效果图、设计说明及材料板图。平面图除了表现空间环境的分割情况外，还要包括家具陈设在内的所有内容，好的图纸会表现出材质和色彩。

3. 制作餐饮空间施工图

当该餐饮空间方案图通过委托方的核定后，即可绘制施工图。

一套完整的施工图内容包括界面层次与材料构造、界面材料与设计位置、细部尺寸参数与图案样式。其中，界面层次与材料构造主要在剖面图中表现，是施工图的重要部分；界面材料与设计位置主要在平面图、立面图中表现；细部尺寸参数与图案样式主要在细部节点详图中体现。

3.3.5　设计餐饮空间时应注意的问题

1. 餐饮空间面积的确定

餐饮空间的面积可根据餐厅的规模与级别来综合确定。餐饮空间面积指标的确定要合理，面积过小会造成拥挤，面积过大会造成面积浪费和利用率不高，并增大工作人员的劳动强度等。

2. 餐饮空间的布局

餐饮空间布局应考虑餐厅功能组成及相互关系，依据人的饮食行为特点和人的行为心理需求，合理地进行功能分区和人流路线组织。心理学家德克·德·琼治提出的边界效应对餐饮空间的布局有很大帮助，他发现人们对餐厅座位选择有不同的心理效应，靠背或靠墙及能纵观全局的座位较受欢迎，靠窗的座位尤其受欢迎，人们在心理上更有潜在的安全感，而中间的桌子普遍不喜欢，四面的空旷环境使人缺乏安全的心理暗示。因此，在餐厅空间划分时，应尽可能以垂直的实体围合出有边界的空旷，使每个餐桌至少有一个侧面能依托于某个实体（墙、隔断、靠背、栏杆等）；尽量减少四面临空的餐桌。大型餐饮空间可运用多种手法划分出若干形态各异的小空间，通过巧妙组合使其既相对独立又能融合大环境，形成变化丰富的视觉效果。空间的分隔与限定可以利用地面、顶棚的变化，隔断、家具、陈设与绿化的围合等手段来实现。各界面的造型设计、材料的质感、色彩、图案处理等，应注重发挥各界面组织分隔空间、加强空间风格特色、烘托特定环境氛围等作用，并与相关设备协调。同时，也应注意空间围合限定的程度，应通过构架、漏窗、博古架等产生空间渗透，使其隔而不断，连通交融。

在人流组织方面，要尽量避免主要人流路线交叉，顾客就餐活动路线与送餐服务路线应尽量避免或减少重叠，同时还要注意尽量避免穿越其他用餐空间。

3. 餐饮空间的通风和采光

餐饮空间内应有良好的通风和采光效果。首先应充分利用自然采光，并考虑自然光下的光环境效果；人工照明应在满足照度的基础上，注意发挥其表现空间、限定空间、突出重点、增加空间层次、烘托环境气氛等作用，并充分考虑灯具的装饰作用。

4. 餐饮空间的室内色彩

餐饮空间室内色彩应与空间总体风格协调统一，同时考虑色彩对人的食欲的影响，如以橙色为主的暖色具有增进食欲的作用。餐饮空间的室内色彩一般应以界面及家具色彩为主色调，以陈设、绿化等形成色彩对比。

5. 餐饮空间的家具设置

各类餐饮空间应有与之相适应的餐桌椅及其他家具，这是在设计时容易忽略的环节。家具的类型、尺寸、式样、风格和布置方式应与餐厅经营内容相适应，与餐饮空间总体装饰风格协调统一。此外，地面还应选择耐污、耐磨、易清洁的材料。

6. 就餐人数

就餐人数也是我们在设计时需要考虑的一个方面。餐饮空间内应设一定数量的包间或雅座，以提供更加私密的就餐、团聚、会谈空间。包间除满足就餐需要外，还应考虑团聚、会谈、娱乐的功能需要，可利用家具、界面变化等适当划分成用餐、会谈及娱乐、备餐等功能区。

【设计案例】　府苑饭店室内设计

府苑饭店位于河南省郑州市金水区，地理位置优越，交通方便。饭店总营业面积约5000m²，主营清真的川菜、粤菜。其中二楼大厅有近30张台位，可同时接待200多人就餐；三、四、五楼有43个餐厅包房，可同时接待400人就餐；六楼有16个自动麻将室及5个棋牌室。府苑饭店环境典雅，将时尚个性化的设计风格呈现给宾客。

1. 设计定位

根据对现场的勘测，结合河南当地的历史文脉及文化现状。府苑饭店的装饰设计绝不同于一般餐饮空间仅做某种风格的堆砌或某种界面的修饰，它在满足现有消费水平的基本功能外，更注重了引导一种更为超前的生活方式及休闲模式，让使用者从中获得全新的身心感受，而从中感受到府苑饭店的整体素质——满足人们休闲需要的同时，体现消费群体的文化素质及地方文化特色，从中感受到非凡的尊崇地位。

2. 空间格局

府苑饭店的空间格局不是简单的功能划分，而是依据室内外环境的关系、空间形态及所要传播的生活理念来确定其功能布局的。

一层平面：根据人流方向和周围环境的关系，将首层设为饭店入口接待大厅。装饰设计以"待客之道"为主题，因而从设计的角度为餐饮空间打造出一种明确的形象，展示出时常个性的风格。在环境的设计上，力求做到亲切、自然、高效的形象，强调原有建筑构造美感，并以不同材质划分出不同层次的空间，以丰富的灯光设计共同营造门厅优雅休闲的浪漫迷人的氛围。

二层平面：饭店的二楼为宴会厅，餐厅内部在不影响外立面的前提下设置了活动主席台，使宴会厅的功能得以完善，满足多种活动的需要。设计凝聚了人气并实现了休闲、文化的理念，突出中餐厅的地方文脉特色及文化品位。宴会厅清新、现代、典雅的格局，显示了其尊崇地位。

三层以上楼层设置了餐厅包房和棋牌室。棋牌室通道使用中式隔断，显示其文化主题。包房布局功能紧凑、合理，风格多样，具有中式风格、现代风格等多种造型的空间气氛以满足不同品位的人士消费。

整个设计注重艺术风格与工程技术的逻辑关系，并体现出合理性和一定的经济性，准确把握材质的属性特点，广泛使用环保及绿色建材，提升了饭店的整体素质并起到了改善生活品质的作用（图 3-3-28 ~ 图 3-3-37）。

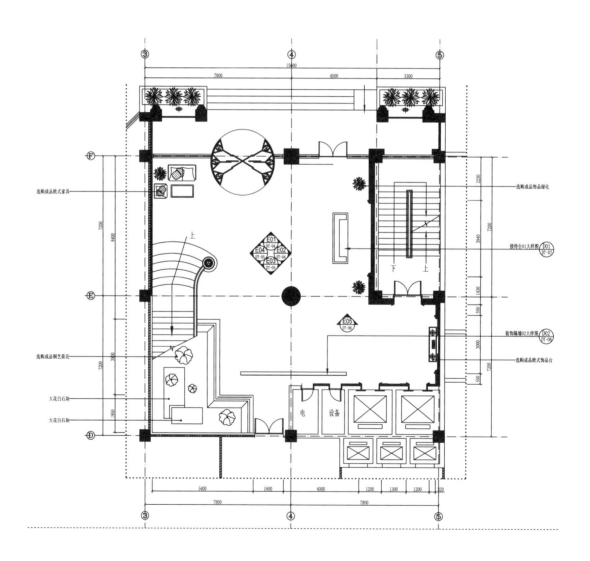

图 3-3-28　府苑饭店一层平面图

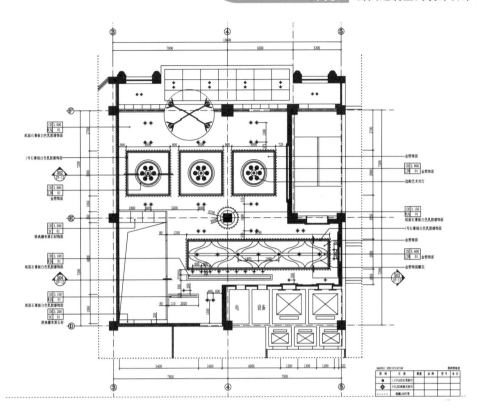

图 3-3-29　府苑饭店一层顶面图

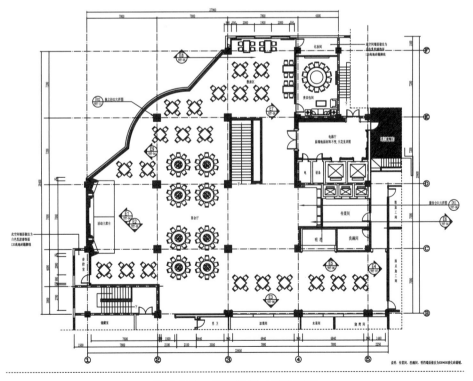

图 3-3-30　府苑饭店二层平面图

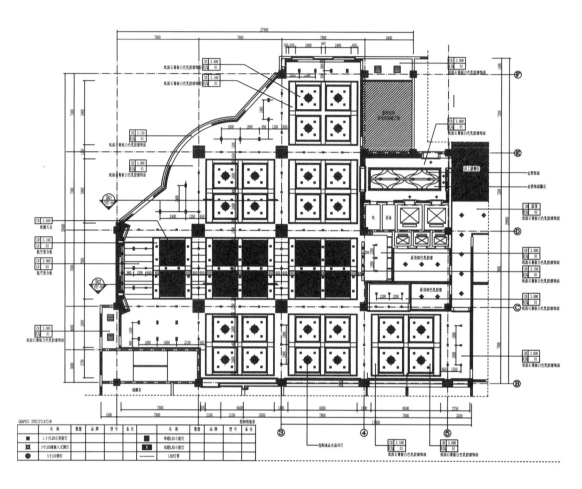

图 3-3-31　府苑饭店二层顶面图

图 3-3-32　府苑饭店一层接待厅效果图（一）　　　图 3-3-33　府苑饭店一层接待厅效果图（二）

图 3-3-34 府苑饭店二层宴会厅效果图

图 3-3-35 餐厅包房实景

图 3-3-36 用餐区实景（一）

图 3-3-37 用餐区实景（二）

【项目实训】 主题快餐店室内装饰设计

1. 实训目的

通过主题快餐店的室内装饰设计，探索餐饮设计文化，及个性化、民族化、地方性、人性化的设计理念，实现对室内环境中人与空间界面关系的创新，提倡安全、卫生、节能、环保、经济的绿色设计理念，倡导个性化及文化性的餐饮室内环境设计；培养学生对整个餐饮空间设计的能力及图纸表达能力。

2. 实训条件

主题快餐店建设地块位于某市商业街区，两侧建筑都是多层商业建筑，建筑平面如图3-3-38 所示，各部分建筑面积由设计者根据具体情况及规范要求合理确定。结构形式为框架结构；层高4.2m；建筑耐久年限等级为二级；建筑耐火等级为二级。

3. 实训要求

设计必须符合餐饮空间的基本要求，突出命题的主旨；功能设计合理，基本设施齐备，能够满足餐厅营业的要求；体现可持续发展的设计概念，注意应用适宜的新材料和新技术。

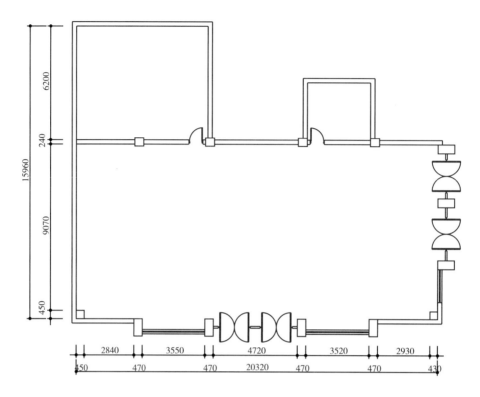

图 3-3-38 平面图

4. 实训成果

（1）图纸要求 方案图、效果图可采用手绘、计算机辅助设计等方式进行色彩渲染和表现；施工图用 AutoCAD 绘制，要求符合建筑制图规范和装饰施工图设计深度要求。图纸规格选用 A2 或 A3 图纸。

（2）图纸内容

1）平面布置图：明确平面功能分区，方案图应进行功能分析和交通流线分析；注明隔墙隔断位置；注明地面材料的材质、色彩、规格尺寸等，注明主要家具、陈设、绿化小品等的位置、尺度及造型。标注各部分的尺寸与标高。

2）顶棚平面图：明确顶棚造型和饰面做法等，布置灯具及消防等相关设备，注明灯具及设备的类型、规格、布置位置等，标注相关尺寸及标高。

3）立面图：明确主要墙面门窗洞口位置和墙体造型；明确墙面材料、色彩、质感、构造做法等，必要时绘出构造详图；注明重要家具、陈设等的位置、尺寸及细部做法。

4）详图：施工图中要求用大样图或剖面详图对地面、吊顶、墙面、家具、陈设、绿化小品等的重要造型变化、构造做法进行详细说明，并注明详图索引。

5）效果图：表现手法自选。要求室内空间尺度、比例、家具风格、绿化、小品表达准确，室内环境气氛、材料色彩、质感等表达清晰。

6）设计说明：简要说明设计立意、环境艺术气氛创造手法，并附装修材料明细表。

5. 工作任务评价

成绩按优秀、良好、中等、及格和不及格五级评定。考核标准见表3-3-1。

表 3-3-1　课程设计教学环节考核标准

实践环节名称	考核单元名称	考核内容	考核方法	考 核 标 准	最低技能要求
餐饮环境设计	设计创意	方案构思	检查批改	优秀：能够很好地利用所学的知识，在满足各种功能和技术要求的前提下，具有高度的独创性，主题表达清晰，个性鲜明 良好：较好地达到上述要求 中等：能够达到上述要求 及格：能够独立完成 不及格：未达到上述要求	及格
	成果质量	成果质量	检查批改	优秀：设计方案合理，图纸完整无误，图面整洁，独立完成，较好符合制图标准要求 良好：较好地达到上述要求 中等：能够完成绘图要求及内容 及格：基本完成绘图要求及内容 不及格：未达到上述要求	及格
	学习态度	分次上缴成果的质量，出勤情况	检查批改考勤	优秀：思想上重视，分次上缴的成果完整，能够反映出整个方案的构思过程，无缺勤现象 良好：较好地达到上述要求 中等：达到上述要求 及格：基本达到上述要求 不及格：达不到上述要求或缺勤三分之一者	及格

参 考 文 献

[1] 张伟，庄俊倩，宗轩. 室内设计基础教程［M］. 上海：上海人民美术出版社，2008.

[2] 来增祥，陆震纬. 室内设计原理（上、下）［M］. 北京：中国建筑工业出版社，1999.

[3] 朱向军，建筑装饰设计基础［M］. 北京：机械工业出版社，2009.

[4] 崔贺亭，童霞. 建筑装饰设计基础［M］. 北京：高等教育出版社，2002.

[5] 刘彦. 室内装饰设计与工程［M］. 北京：化学工业出版社，2006.

[6] 钱健，宋雷. 建筑外环境设计［M］. 上海：同济大学出版社，2001.

[7] 邹寅，李引. 室内设计基本原理［M］. 北京：中国水利水电出版社，2005.

[8] 陈易. 建筑室内设计［M］. 上海：同济大学出版社，2001.

[9] 张跃华，方荣旭，李辉，等. 效果图表现技法［M］. 上海：中国出版集团东方出版中心，2008.

[10] 赵青. 室内装饰设计与课程设计题型解析［M］. 北京：中国建材工业出版社，2008.

[11] 吴卫. 钢笔建筑室内外环境技法与表现［M］. 北京：中国建筑工业出版社，2002.

[12] 赵肖丹，吕书炜. 室内设计［M］. 郑州：大象出版社，2008.

[13] 曹瑞林. 环境艺术设计［M］. 开封：河南大学出版社，2005.

[14] 张玲，沈劲夫，江涛. 室内设计［M］. 北京：中国青年出版社，2009.

[15] 吴琛. 装饰设计［M］. 南京：东南大学出版社，2008.

[16] 徐令. 室内设计［M］. 北京：中国水利水电出版社，2007.

[17] 贝思出版有限公司. 餐饮区［M］. 北京：中国计划出版社，1999.

[18] 中国建筑学会室内设计分会. 第三届 IFI 国际室内设计大赛暨 2007 年中国室内设计大奖赛优秀作品集［M］. 武汉：华中科技大学出版社，2007.

[19] 邓雪娴，周燕珉，夏晓国. 餐饮建筑设计［M］. 北京：中国建筑工业出版社，1999.

[20] 德鲁·普伦基特. 室内设计表现技法［M］. 叶珊，译. 北京：中国青年出版社，2010.

[21] 梁旻，胡筱蕾. 室内设计原理［M］. 上海：上海人民美术出版社，2010.

[22] 任文东. 室内设计［M］. 北京：中国纺织出版社，2011.

[23] 张绮曼，郑曙旸. 室内设计资料集［M］. 北京：中国建筑工业出版社，1991.

[24] 焦涛，李捷. 建筑装饰设计［M］. 武汉：武汉理工大学出版社，2010.

[25] 陈维信. 商业形象与商业环境设计［M］. 南京：江苏科学技术出版社，2001.

[26] 洪麦恩，唐颖. 现代商业空间艺术设计［M］. 北京：中国建筑工业出版社，2006.

[27] 安东. 闹市中的秘密花园：饕餮源餐厅［J］. 室内设计与装修，2007，09（1）：102.

[28] 陈奕文. 木色记忆：杭州天伦精品酒店［J］. 室内设计与装修，酒店设计专刊，2010（1）：083 – 095.